圖文 新
審訂 張東君

我很奇怪但很可愛

這些動物超有哏，讓人長知識又笑到翻

1 太陽底下，總有新鮮事

凌波微步

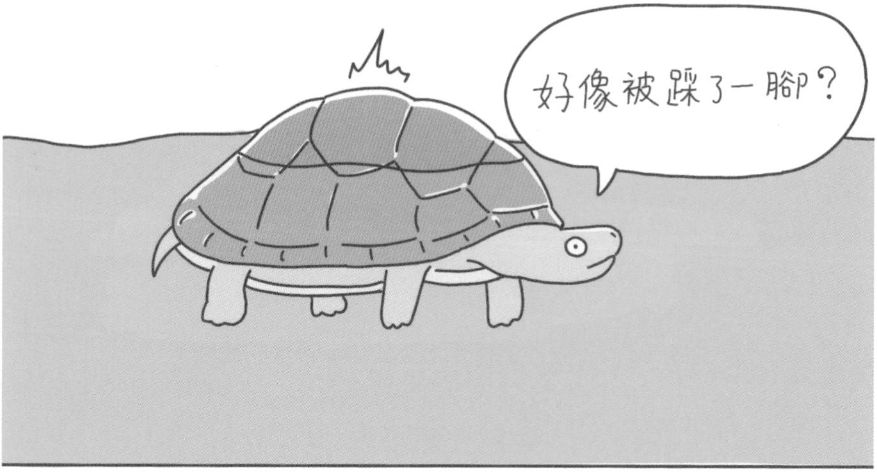
好像被踩了一腳?

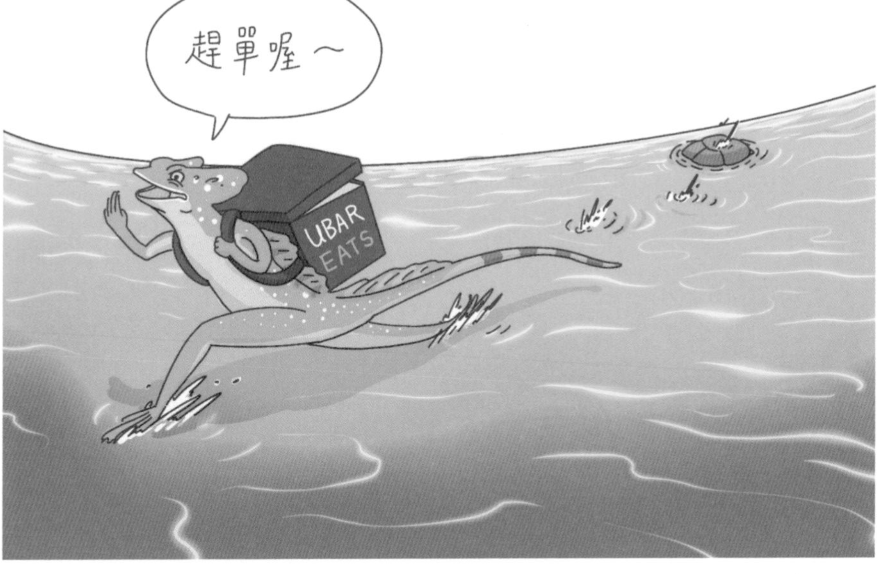
趕單喔～
UBAR EATS

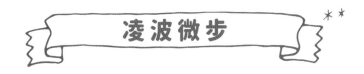

又名耶穌蜥蜴的
雙脊冠蜥可以
踩著自身腳掌產生的
氣泡在水面跑。

腋下如何

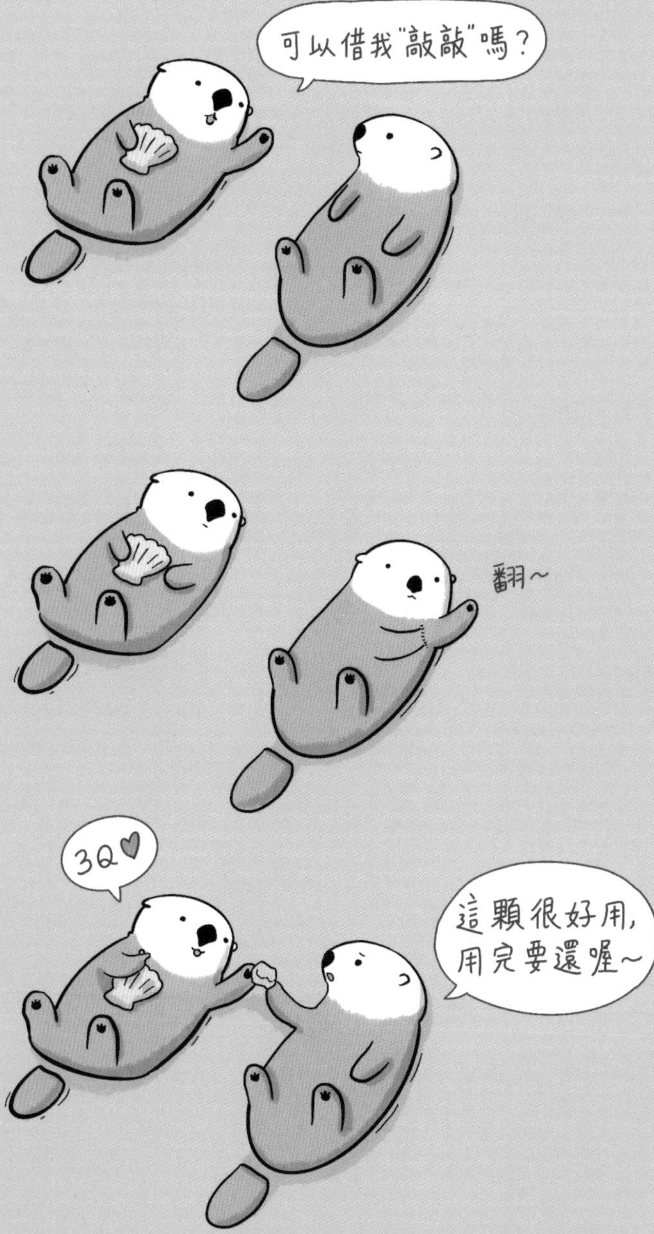
可以借我"敲敲"嗎？
翻～
3Q♥
這顆很好用，
用完要還喔～

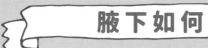

海獺會把好用的石頭
存放在腋下的小口袋。

曬痕

河馬的皮膚會
分泌天然的防曬乳。

塞車

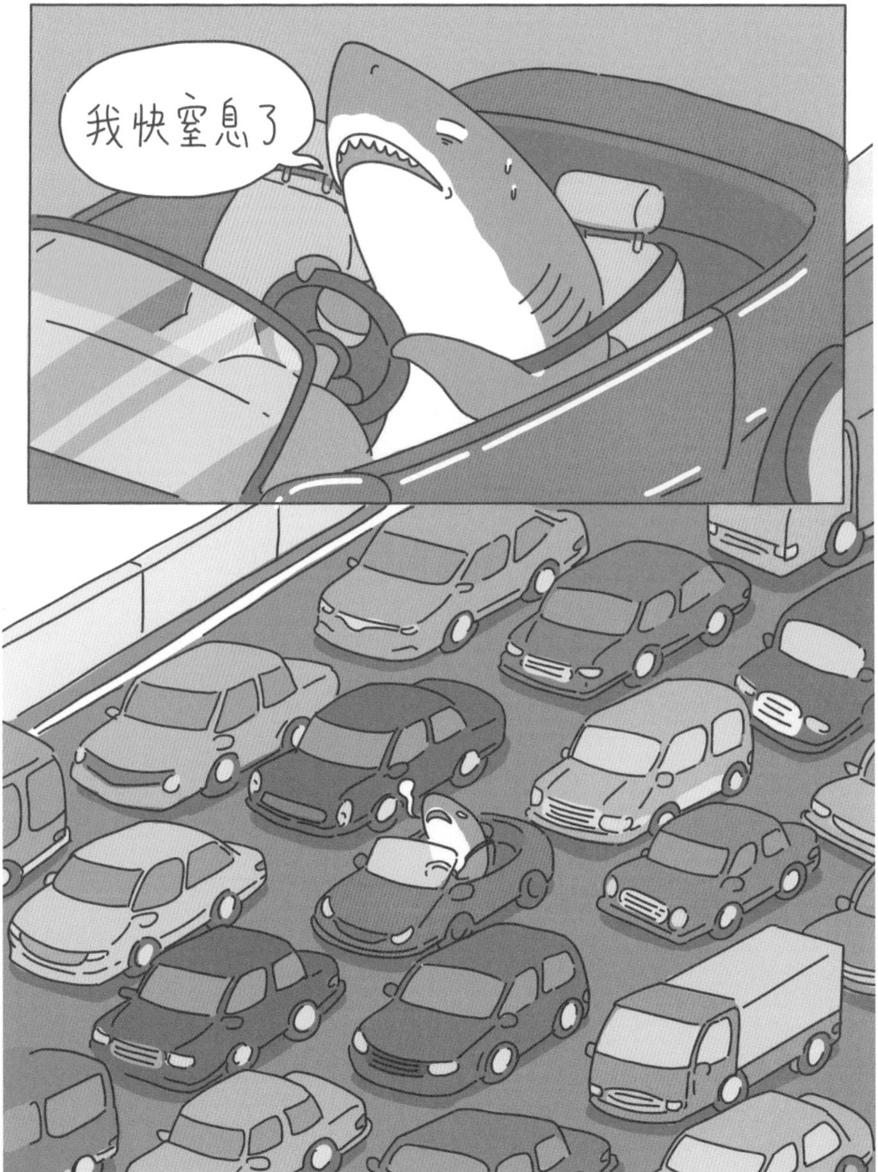

大多數鯊魚
要一直移動
才能保持呼吸。

孕父

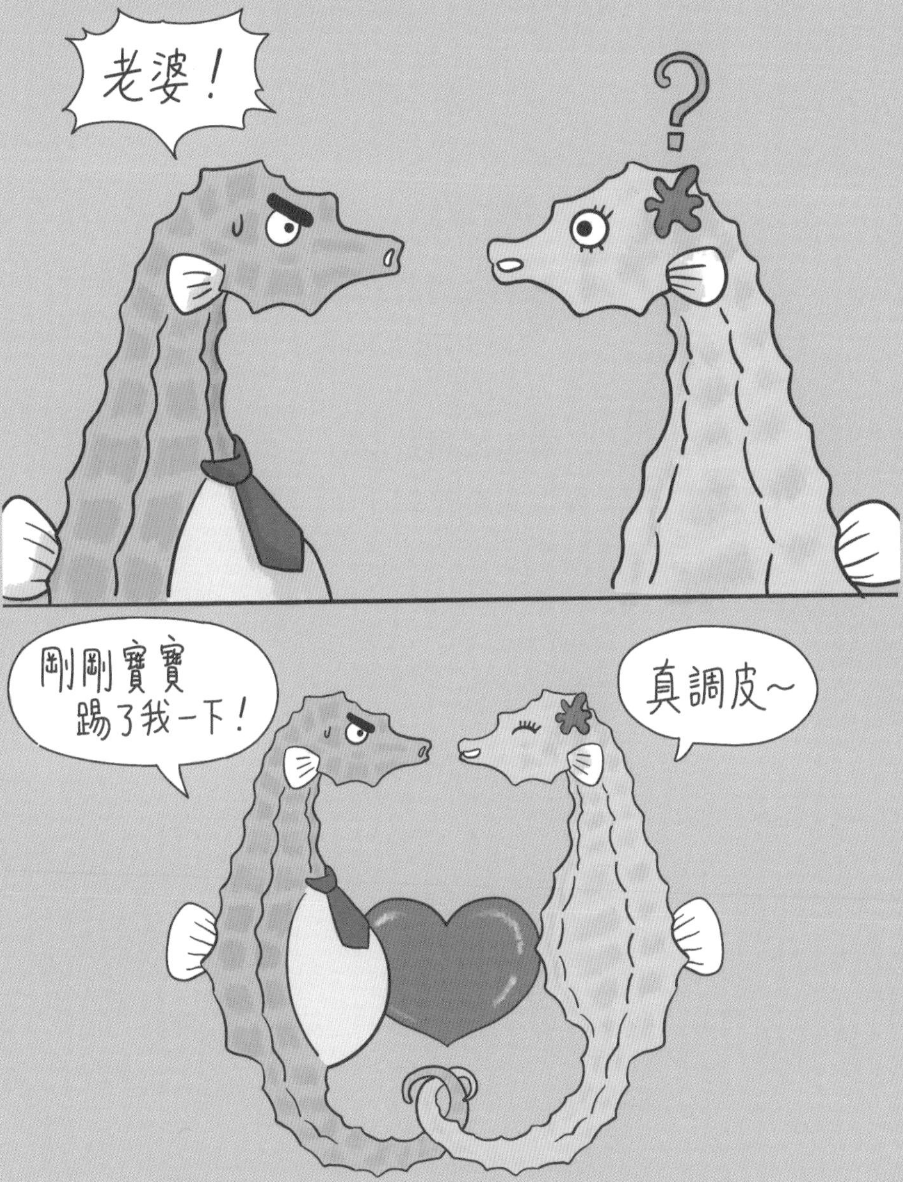
老婆！
剛剛寶寶踢了我一下！
真調皮～

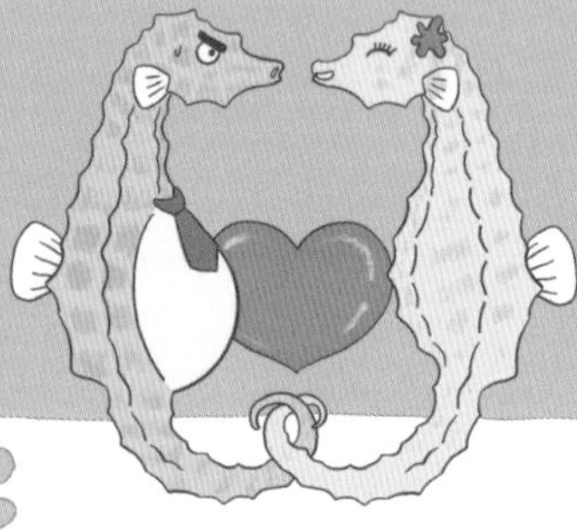

海馬的卵是由
公海馬負責孵化。

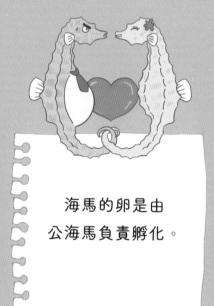

假髮

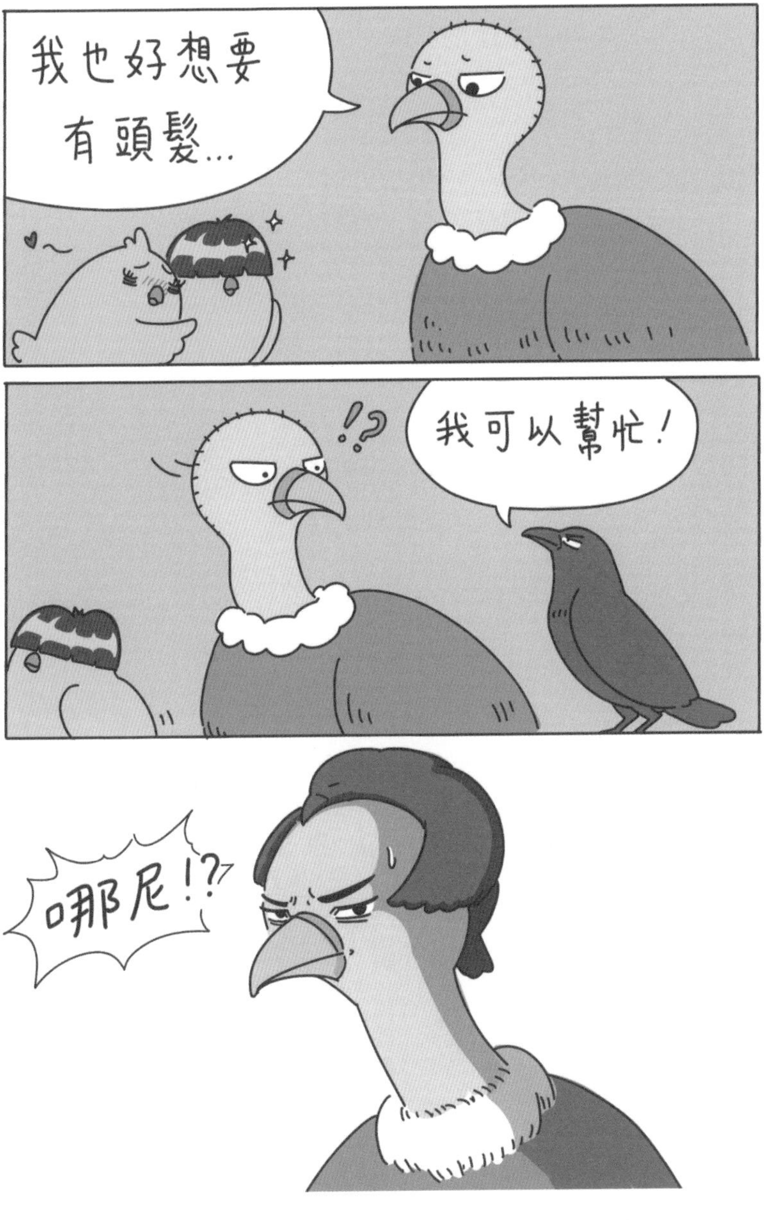
我也好想要有頭髮…
!?
我可以幫忙！
哪尼!?

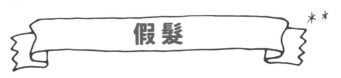

鳳頭金絲雀

長有一頂有型的頭毛。

搭便車

信天翁會幫
平躺在水面的翻車魚
去除寄生蟲。

神隊友

母犀鳥育幼時
會以泥土縮小樹洞口，
並由公犀鳥
負責覓食照顧母鳥。

先進

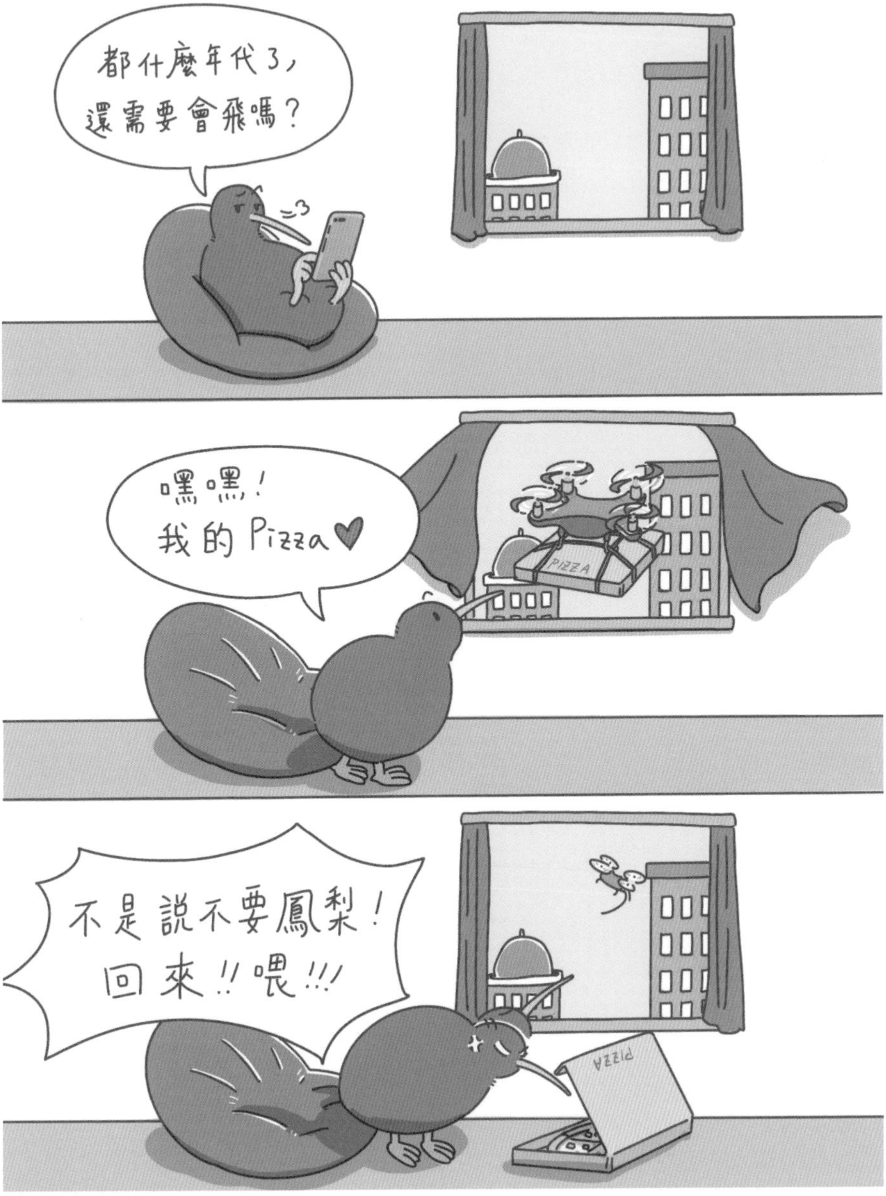
都什麼年代了，
還需要會飛嗎？
嘿嘿！
我的Pizza♥
PIZZA
不是說不要鳳梨！
回來!!喂!!!
PIZZA

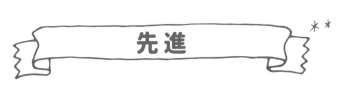

鷸鴕（奇異鳥）

是有翅膀的，

只是非常非常小，

所以不能飛。

釣魚

綠簑鷺會
使用誘餌抓魚。

時機不對

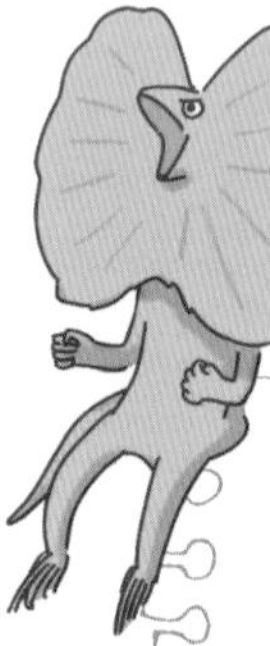

傘蜥在感到威脅
或被激怒時，
會張開大口並展開
頸部的傘狀皮褶。

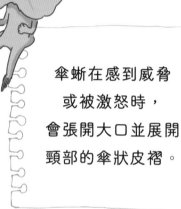

Cheerleading

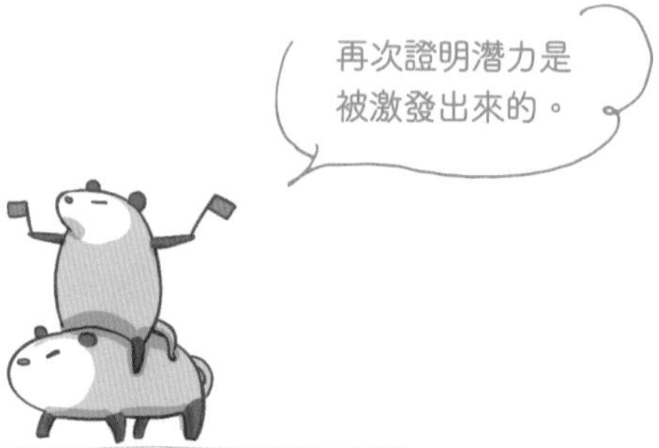
再次證明潛力是
被激發出來的。

負鼠媽媽一次可以
背十幾隻仔鼠。

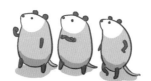

裝死

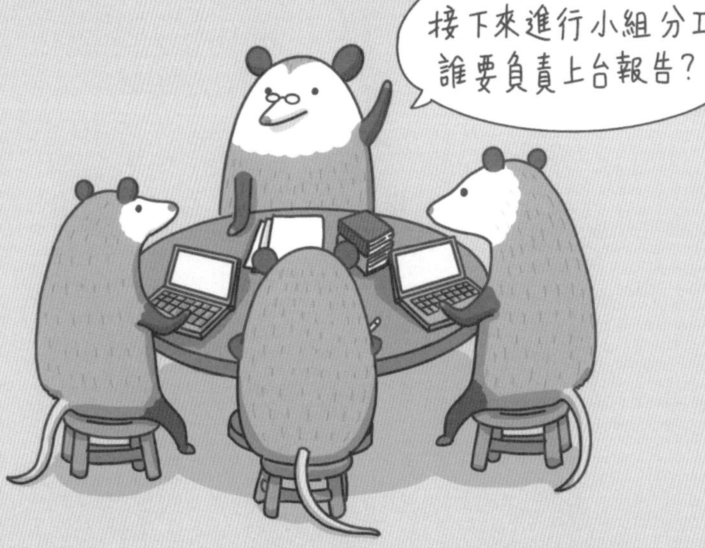
接下來進行小組分工…
誰要負責上台報告?

(看來這組狀況不太妙啊!)

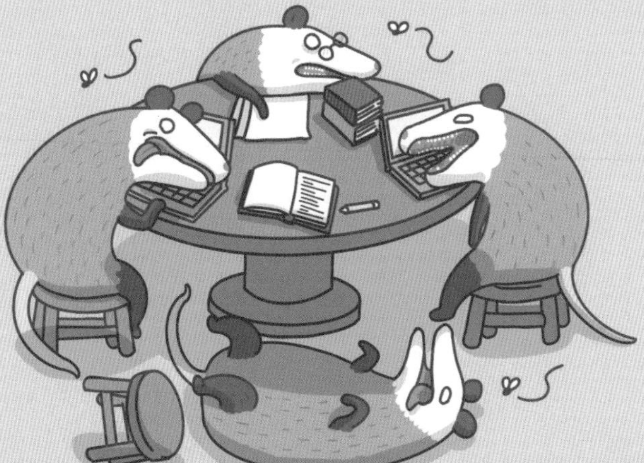

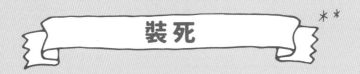

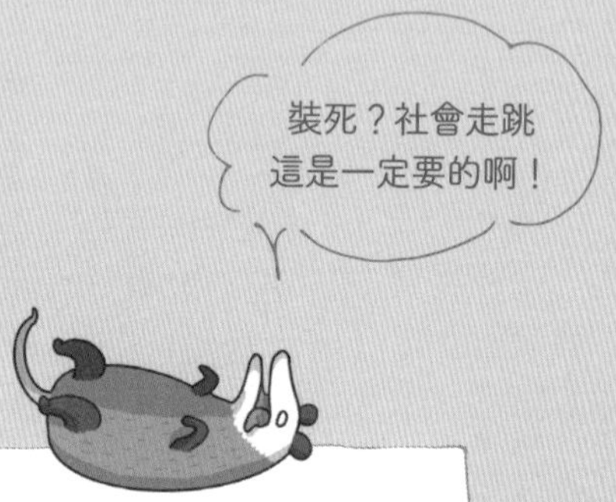
裝死？社會走跳
這是一定要的啊！

負鼠裝死功力一流，
有時候連呼吸心跳
都能停止。

What does the fox say?

請給我一個大麥克！
What does the fox say?
dīn dīn dīn dīn dīn dīn
dīn dīn dīn...

狐狸是獨居性的動物，
但是在求偶或是警告時
會發出很驚人的叫聲。

請勿佔用水道

麋鹿會潛進湖裡

吃水草，

是鹿中的潛水高手！

儲備糧食

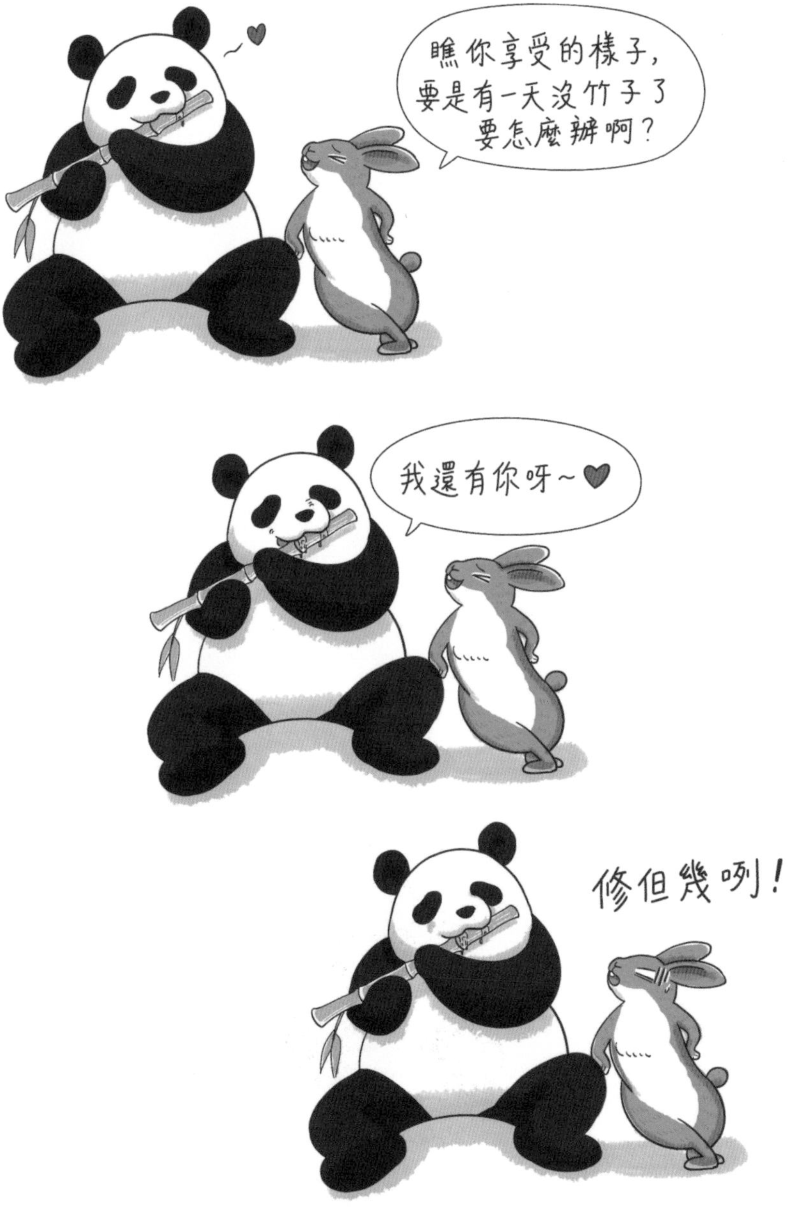
瞧你享受的樣子，
要是有一天沒竹子了
要怎麼辦啊？
我還有你呀～♥
修但幾咧！

大貓熊
其實是食肉目，
雜食動物。

狗也是阿嬷養的

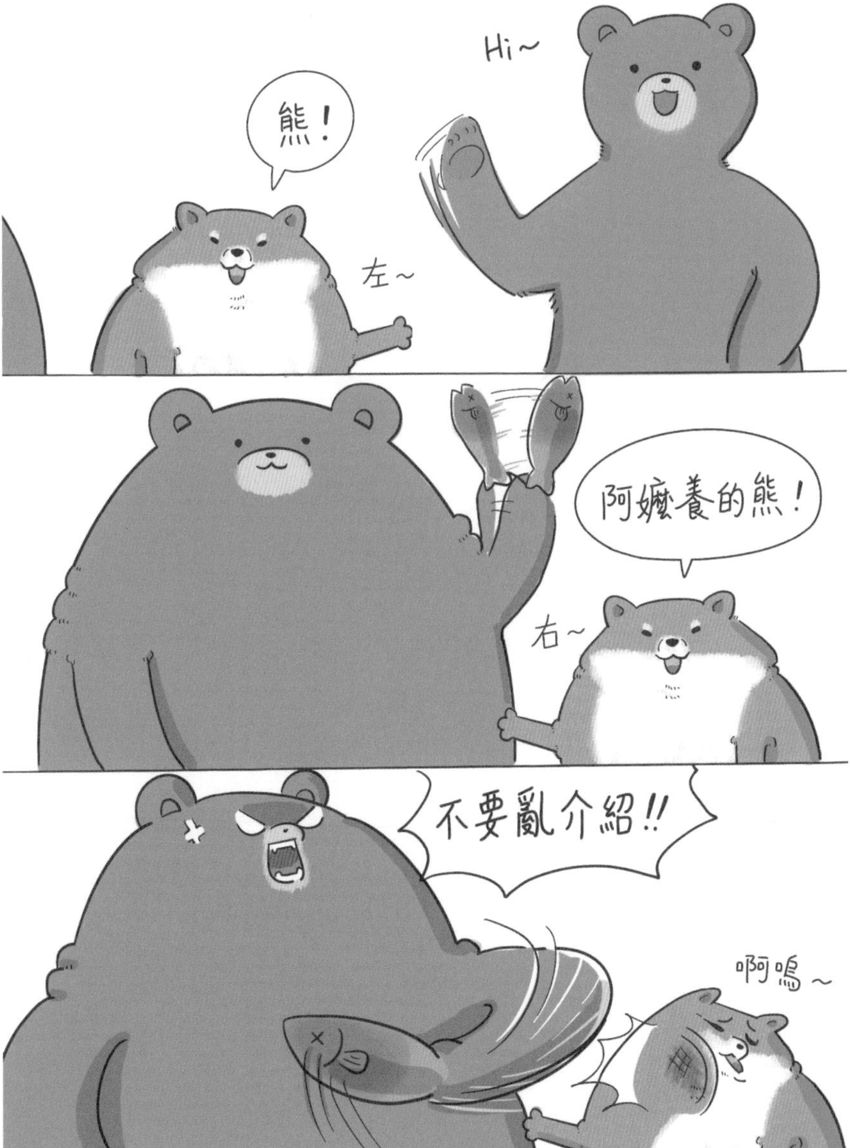
熊！
Hi~
左~
阿嬷養的熊！
右~
不要亂介紹!!
啊嗚~

熊冬眠半年可失去

1/3 的體重。

嫌疑犯

無尾熊的指紋
長得跟人類很像。

理髮

北極熊其實
算是黑肉底。

體臭

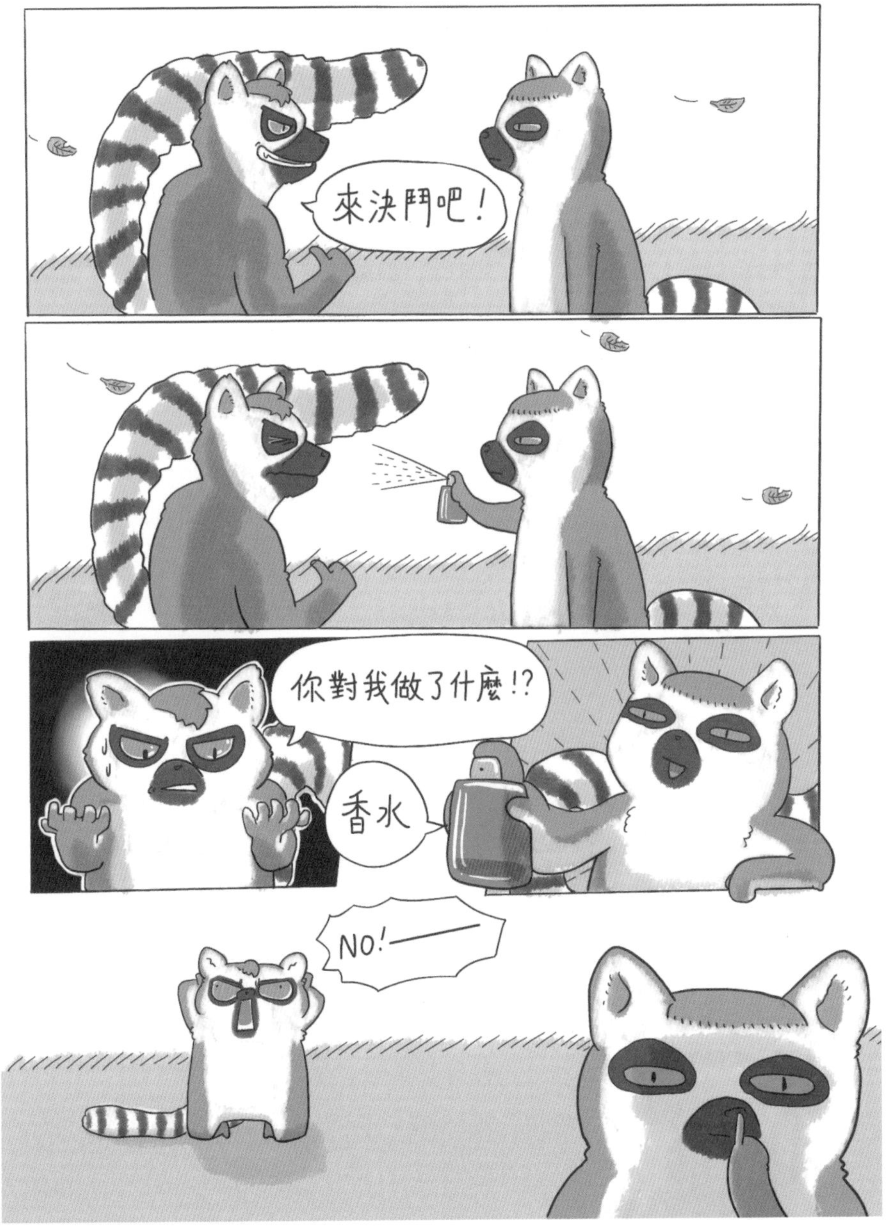
來決鬥吧！
你對我做了什麼!?
香水
NO!——

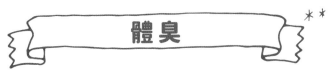

保持魅力的
方式之一，
就是不要洗澡～
環尾狐猴會用氣味
標示領域和求偶。

打噴嚏

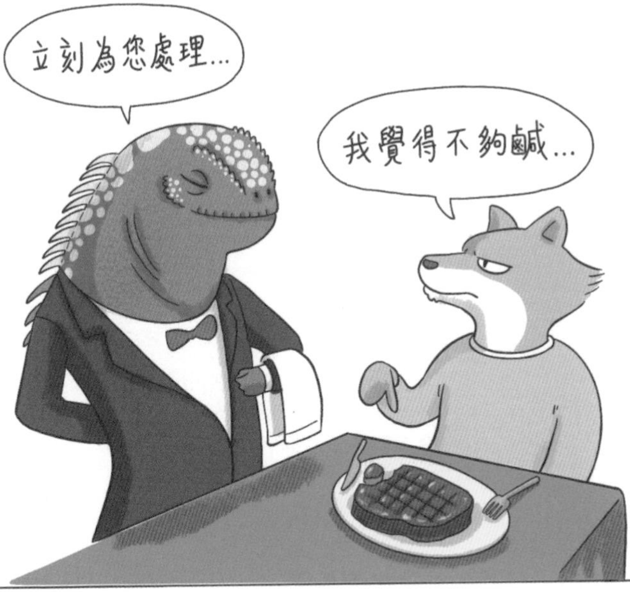
立刻為您處理…
我覺得不夠鹹…

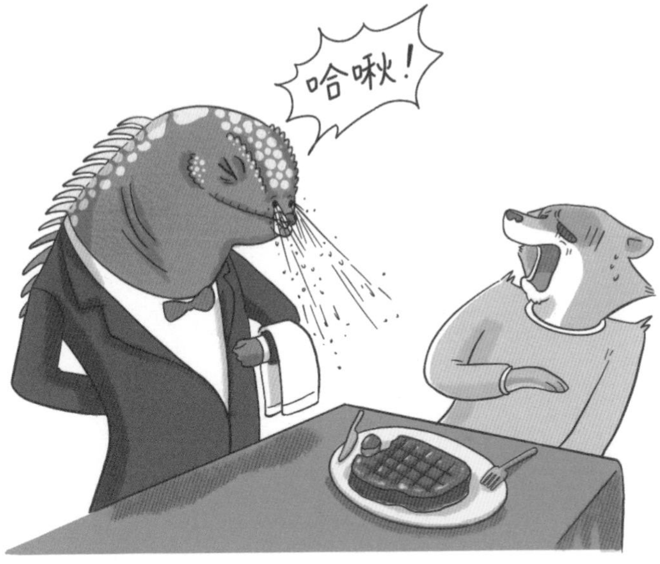
哈啾！

海鬣蜥會用噴嚏
排除多餘鹽分。

ORA ORA!

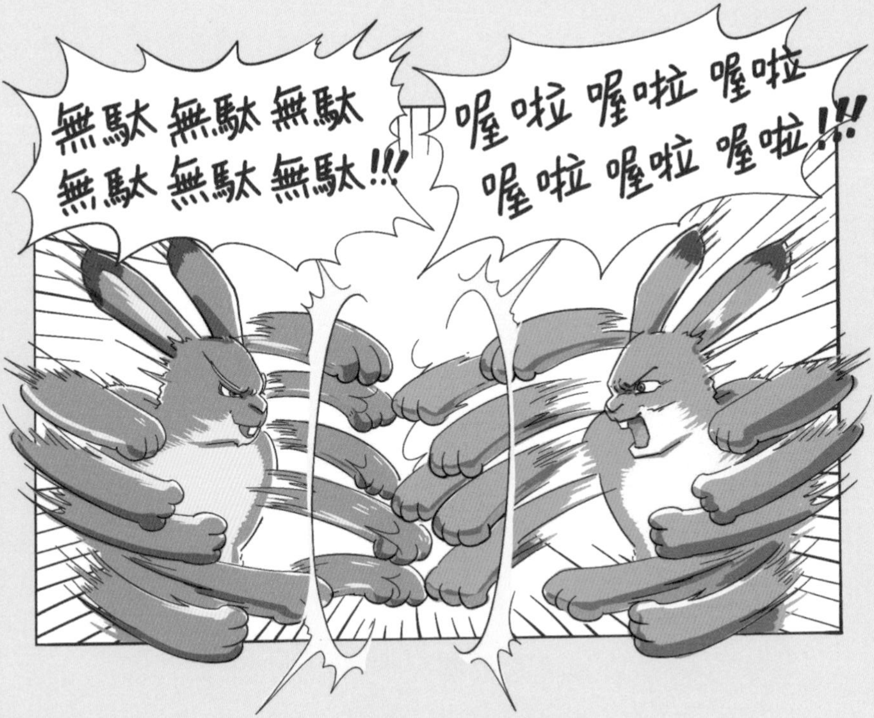
無馱 無馱 無馱
無馱 無馱 無馱!!!
喔啦 喔啦 喔啦
喔啦 喔啦 喔啦!!!

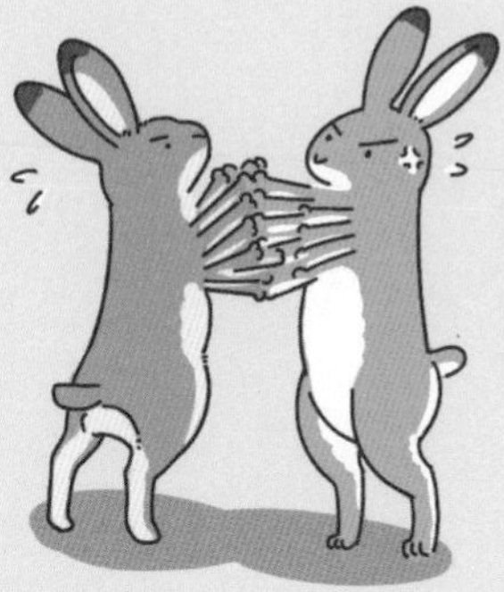

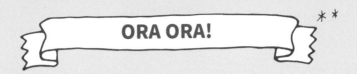

不要招惹野兔，
他們打起架來
可不像是吃素的。

2 「奇怪」也是一種特色

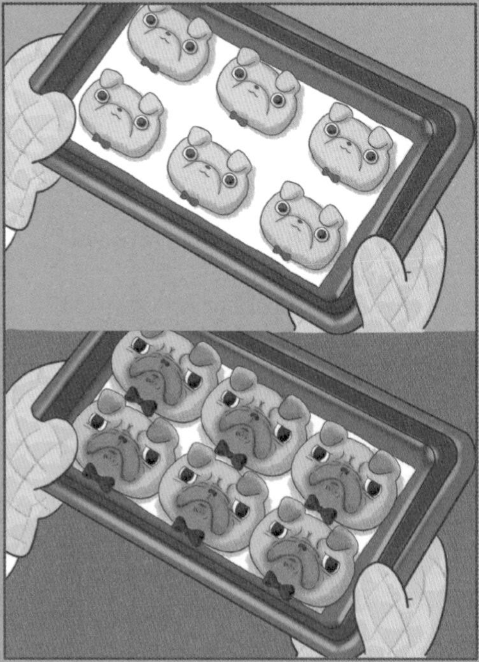

浴火鳳凰

辣是屬於痛覺，鳥
類因為沒有辣椒素
的受體，所以吃辣
椒不會感受到痛。

怕死 Pass

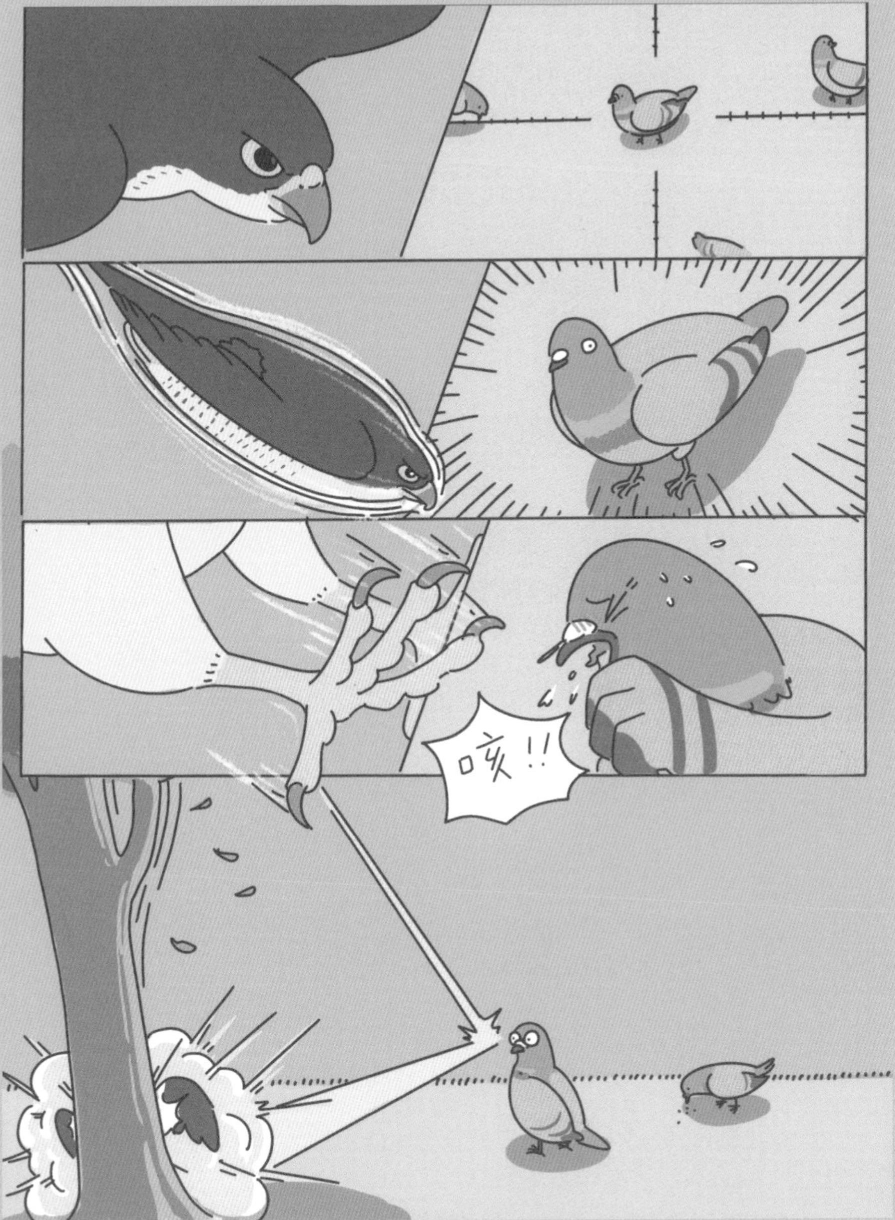

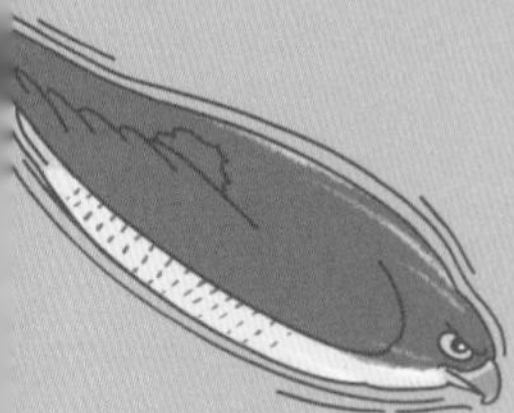

遊隼的飛行速度
非常快，
俯衝時速可達
將近 400 公里。

回聲定位系統

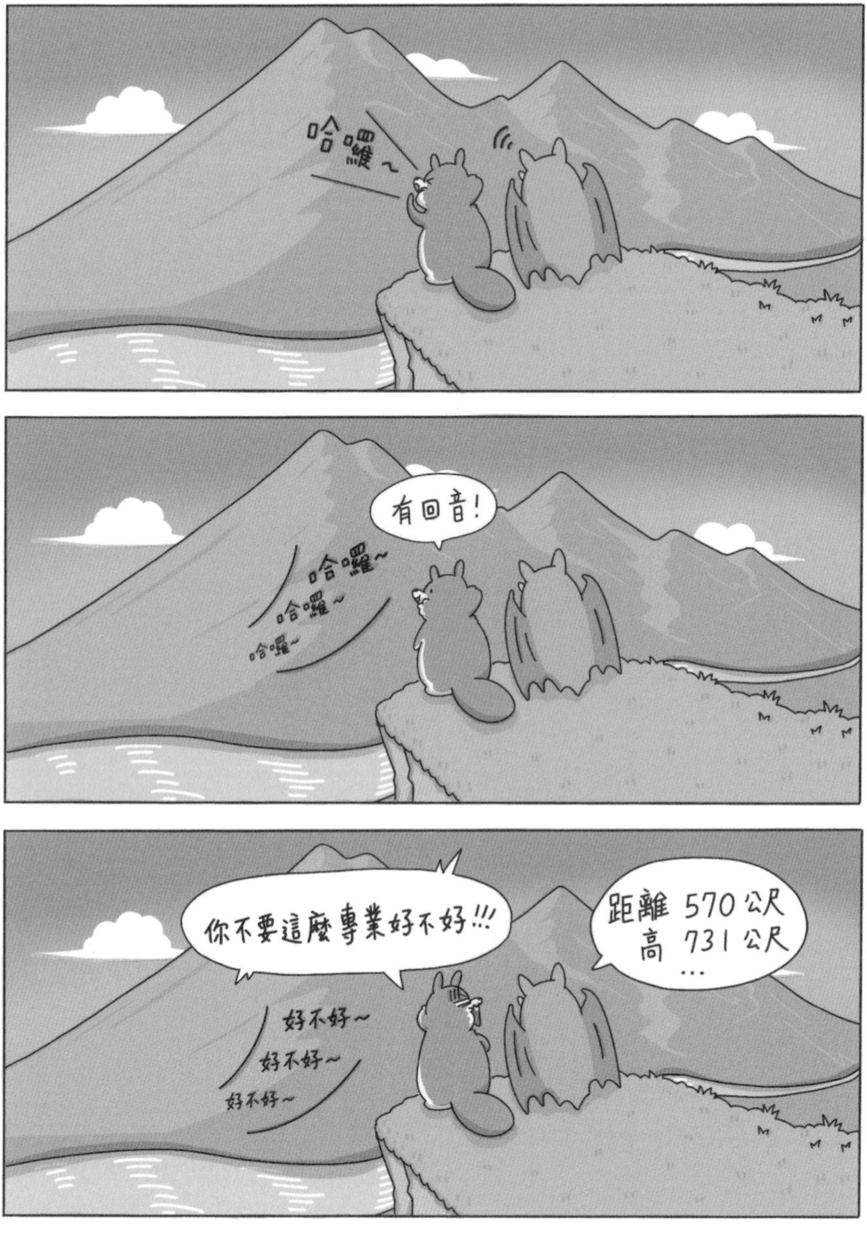
哈囉～
有回音！
哈囉～
哈囉～
哈囉～
你不要這麼專業好不好!!!
距離 570 公尺
高 731 公尺
…
好不好～
好不好～
好不好～

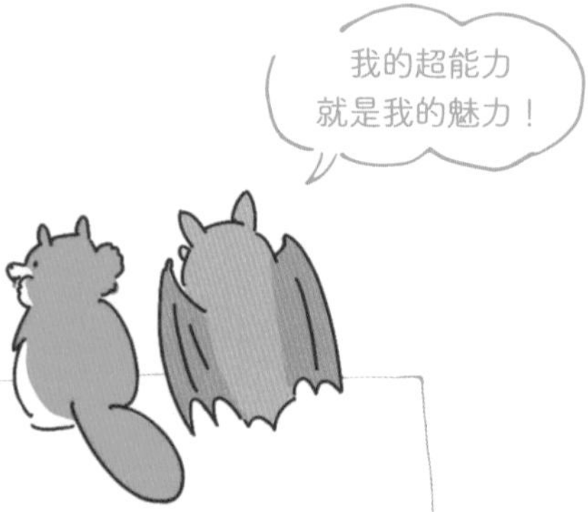
我的超能力
就是我的魅力！

大多數的蝙蝠可利用
超音波在黑暗中定位，
但狐蝠是利用視覺。

Morning call

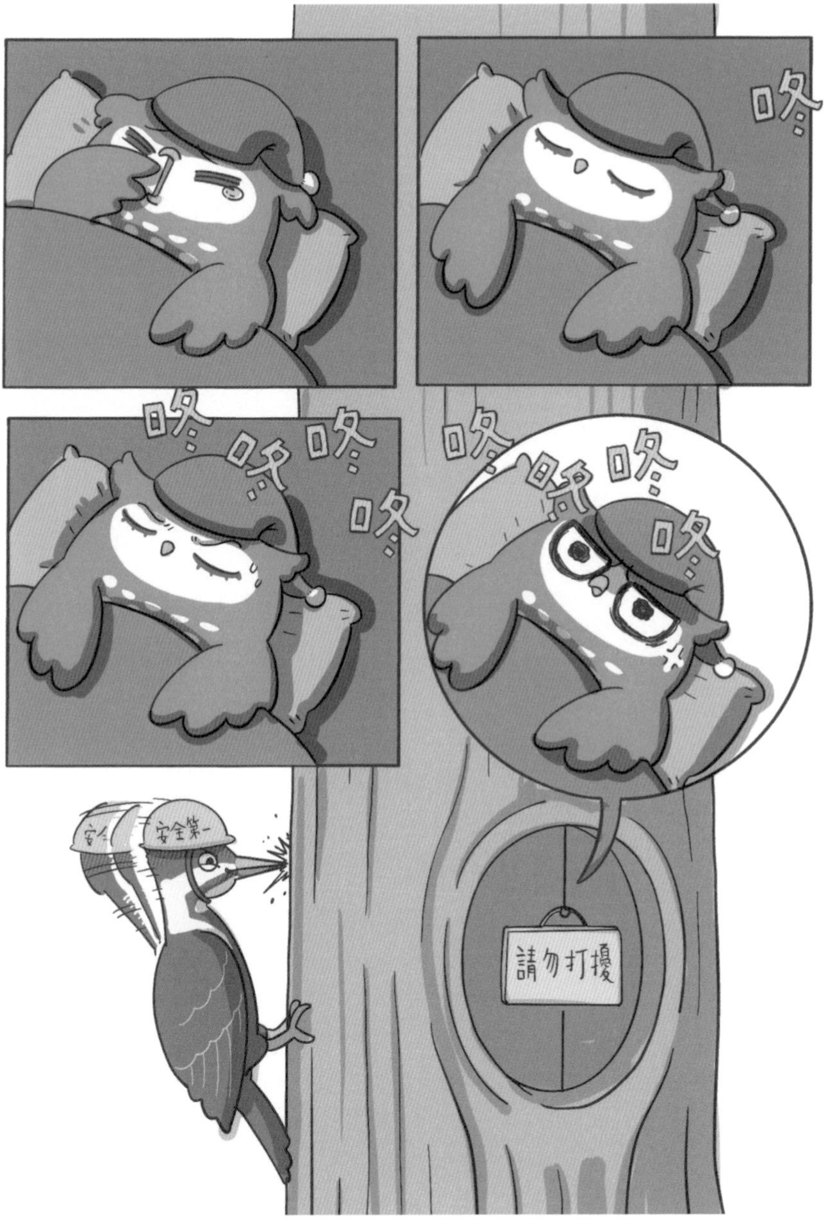

安全第一
啄木鳥每日啄木
超過一萬次。

晚歸

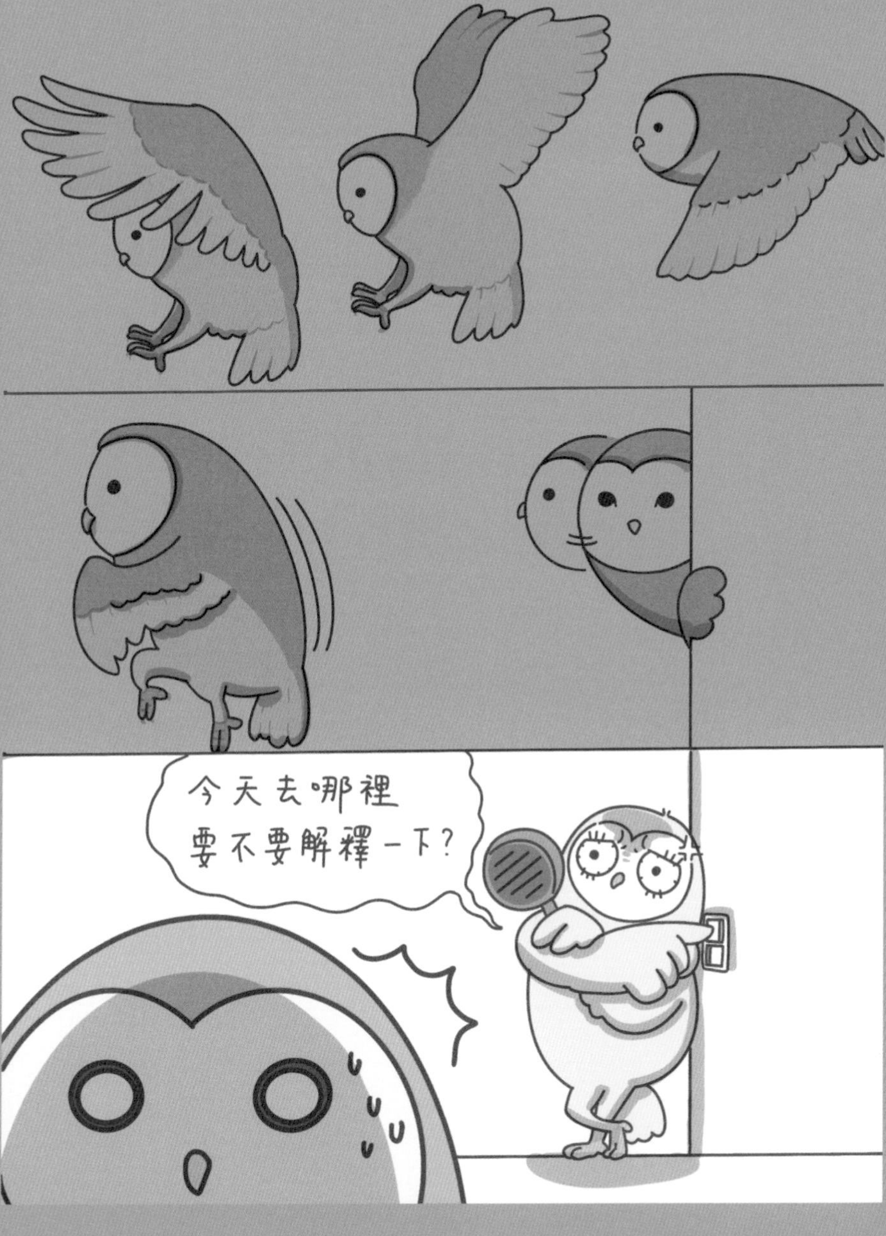
今天去哪裡
要不要解釋一下？

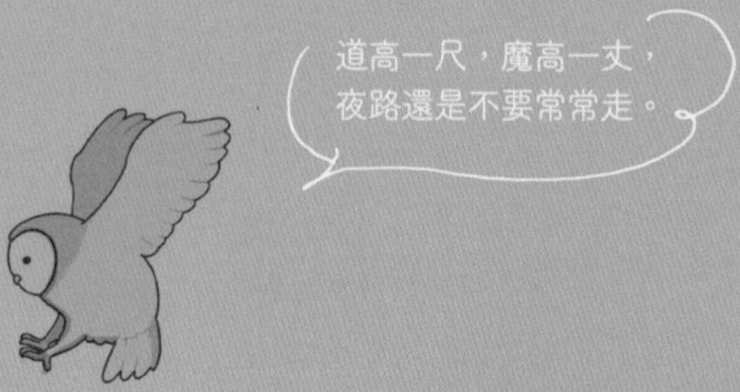
道高一尺，魔高一丈，
夜路還是不要常常走。

貓頭鷹飛行
是幾乎沒聲音。

弱點

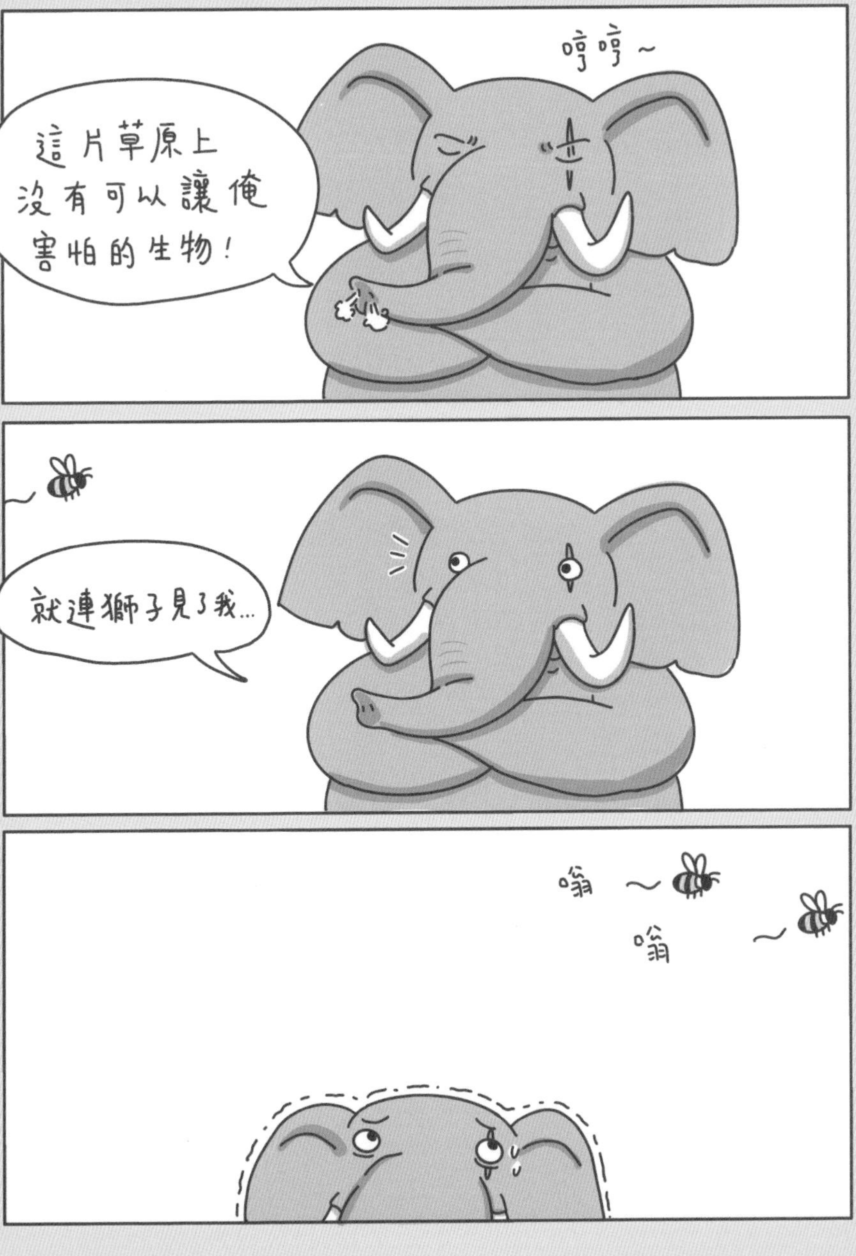
這片草原上沒有可以讓俺害怕的生物!
哼哼~
就連獅子見了我...
嗡~
嗡~

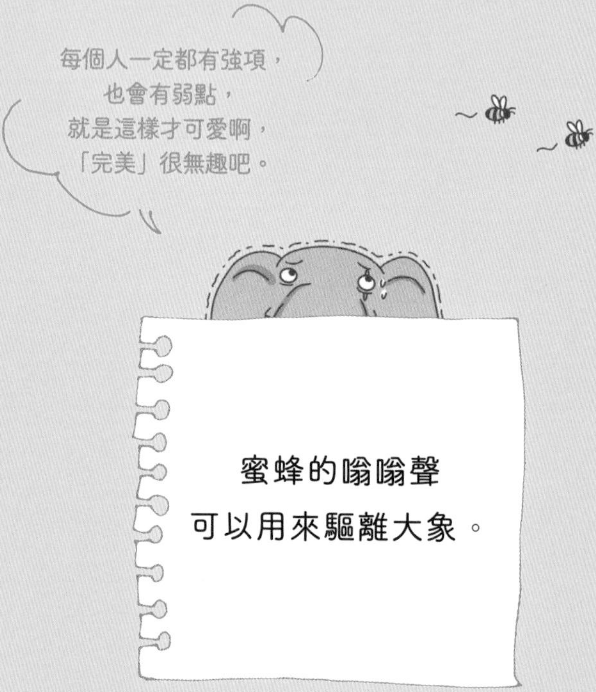
每個人一定都有強項，
也會有弱點，
就是這樣才可愛啊，
「完美」很無趣吧。
蜜蜂的嗡嗡聲
可以用來驅離大象。

檸檬「痠」

蝴蝶的味覺接收器

長在腳上。

我妻善逸

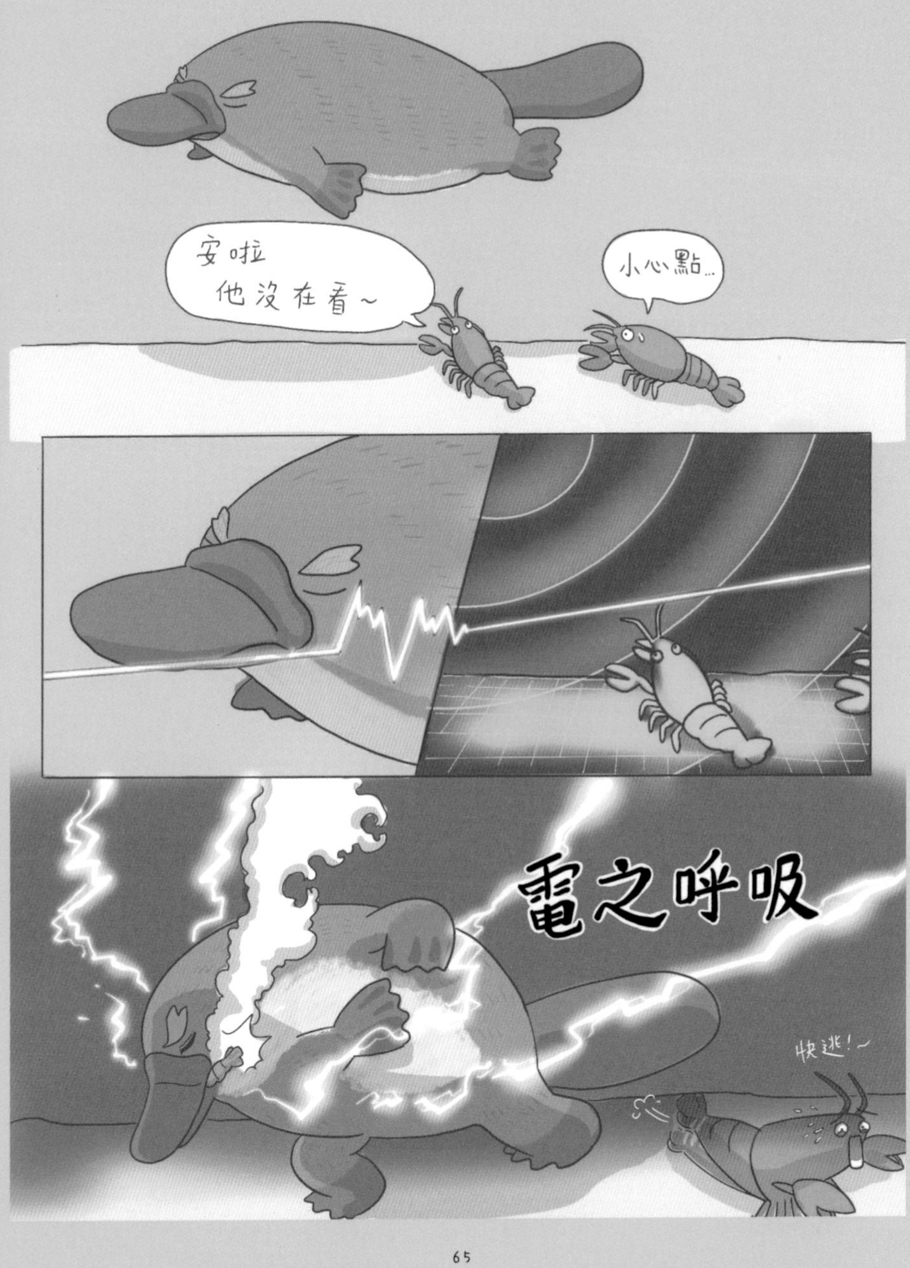

安啦
他沒在看~
小心點…
電之呼吸
快逃!~

水中的
《鬼滅之刃》
上演了！

鴨嘴獸在水中
會以電場感應捕食。

一拳超人

螳螂蝦可以擊出超急速的拳頭，換算成力道可超過150公斤，所以出拳的力道應該可以擊破蟹殼。

防疫措施

我的「專長」終於
有派上用場的一天，
來點掌聲鼓勵鼓勵。
雄性獨角鯨的角
可長達3公尺，
而且其實那是牠
的左側上犬齒。

扮豬吃老虎

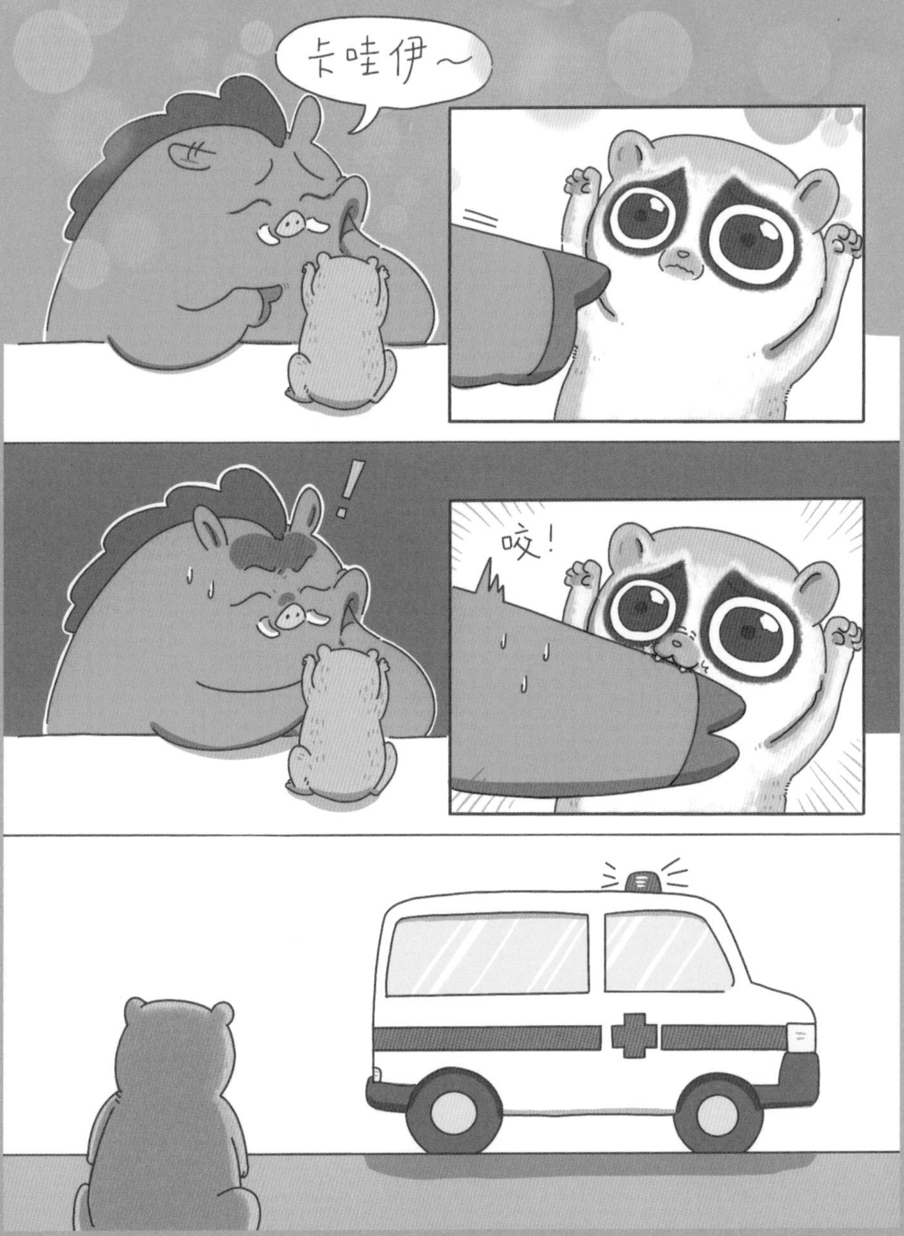

懶猴是唯一
具有毒性的
靈長類動物。

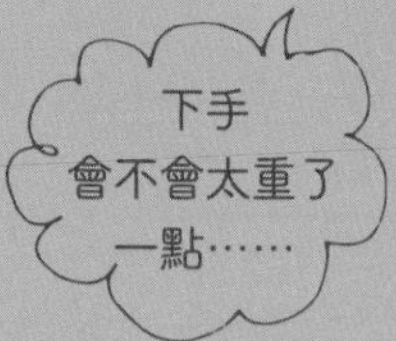

Google map

要相信自己。

星鼻鼴鼠擁有非常
靈敏的嗅覺，
特殊的鼻子構造
甚至讓牠可以在水裡
使用嗅覺！

大嗓門

土撥鼠在生命
受到威脅時會發出
高亢的吱吱聲。

致命造型

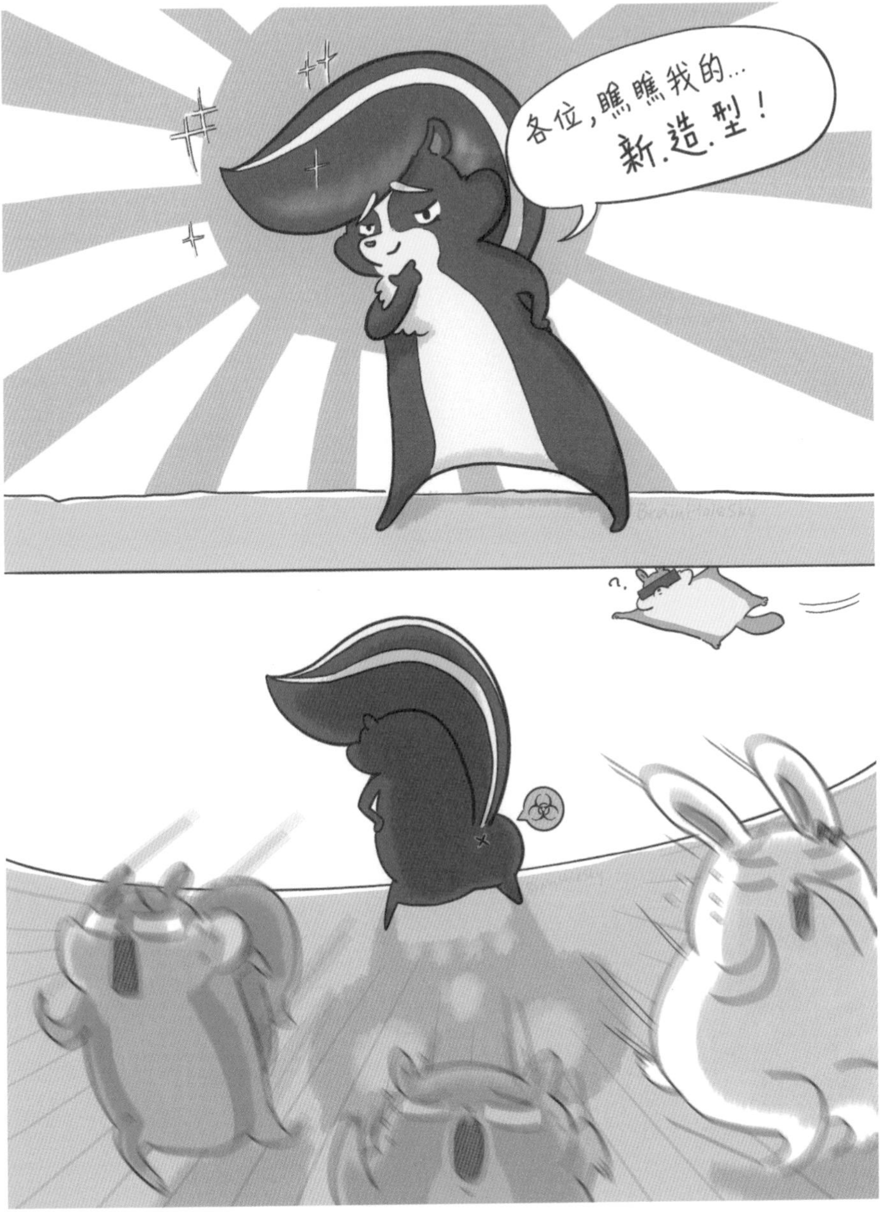

臭鼬的臭液射程
可達 4-5m。

飛簷走壁

雪羊有著像V字形般特殊的蹄，可以攀爬陡峭的山壁，基本上，住在山上的牛科動物，包括台灣野山羊（長鬃山羊）都是如此。

飛躍的羚羊

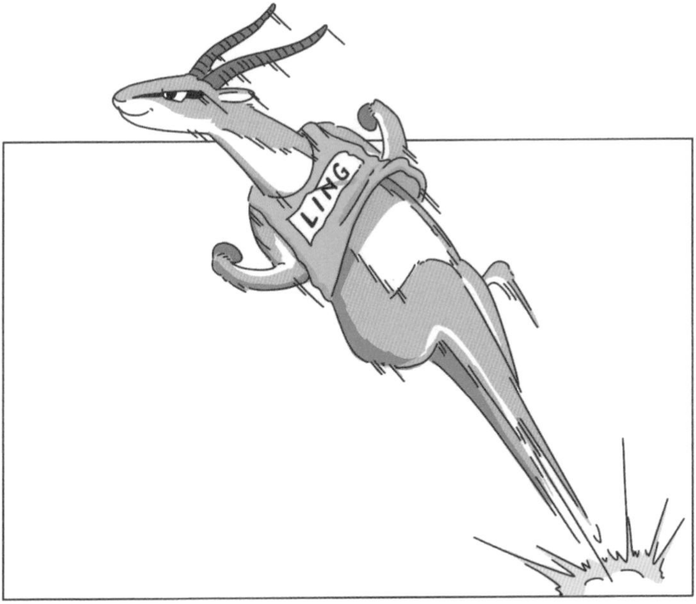

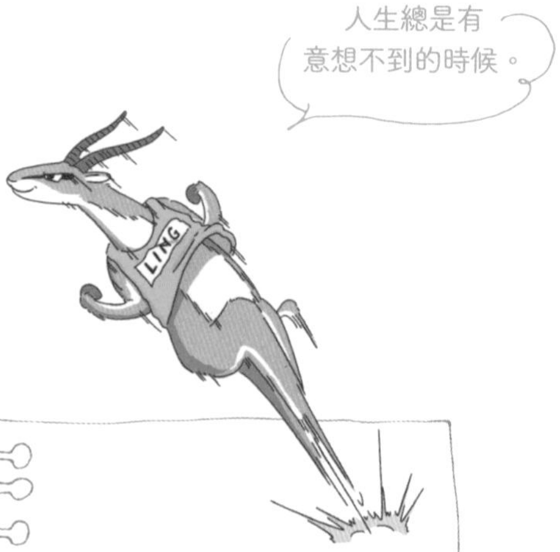
人生總是有
意想不到的時候。
LING

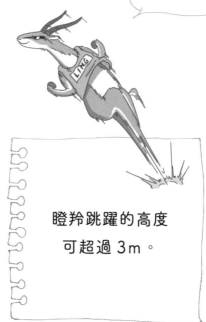

瞪羚跳躍的高度
可超過 3m。

物盡其用

壁虎會吃
自己斷掉的尾巴。

反差萌

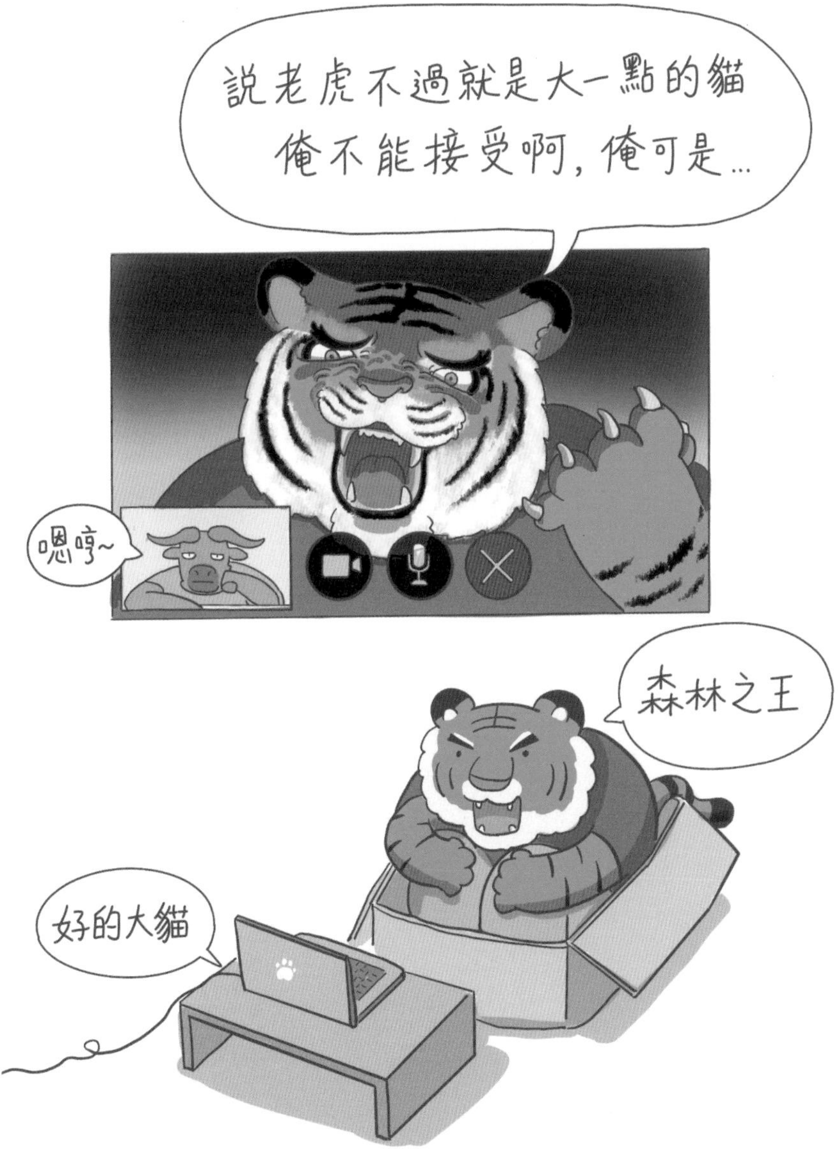
說老虎不過就是大一點的貓
俺不能接受啊，俺可是…
嗯哼~
森林之王
好的大貓

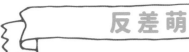

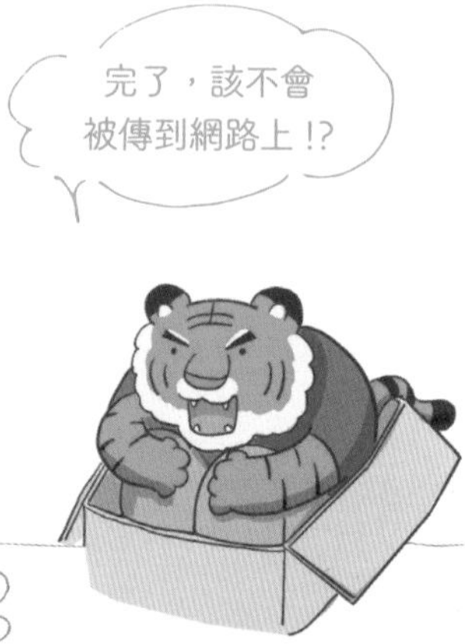
完了，該不會
被傳到網路上!?

老虎是最大型的
貓科動物。

椎心刺骨的痛

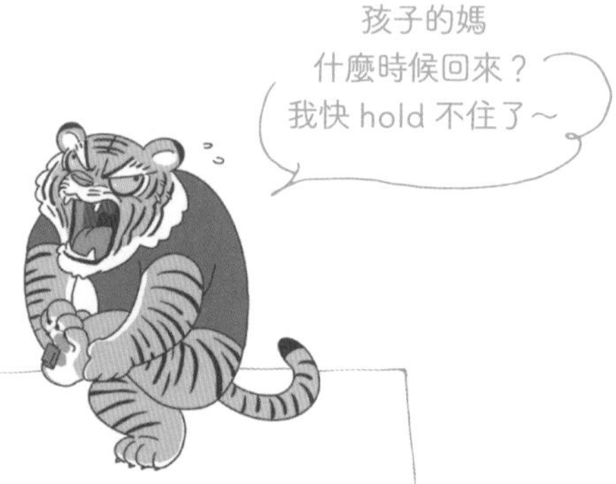
孩子的媽
什麼時候回來？
我快 hold 不住了～

老虎的吼聲可以
傳 3 公里遠。

醉不上道

好吧，我承認
厲害的人也有
出包的時候。
獵豹平時追趕獵物
的時速最快大概可
達98公里，但只
能持續200-300
公尺而已。

三尺不爛之舌

大食蟻獸的舌頭
長達60公分，
約體長的1/3或以上。

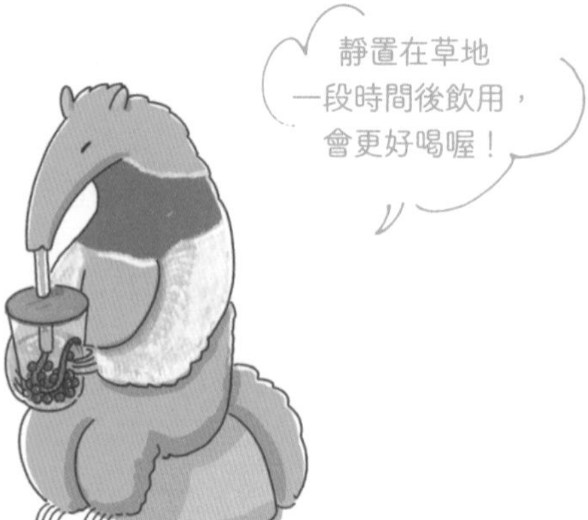
靜置在草地
一段時間後飲用，
會更好喝喔！

威風凜凜式

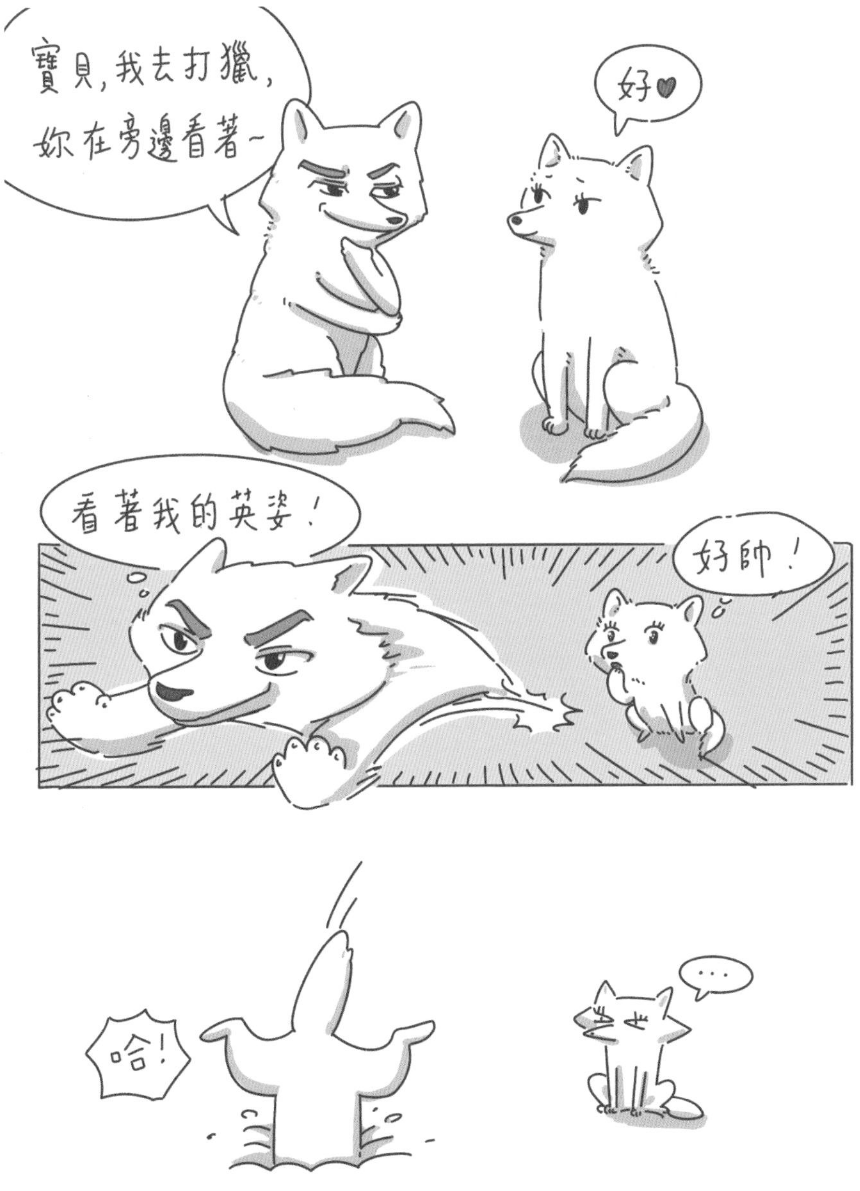
寶貝，我去打獵，妳在旁邊看著～
好♥
看著我的英姿！
好帥！
哈！
…

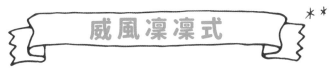

北極狐什麼都吃，
魚、鳥、青蛙、海豹
等等，牠們也能靠著
敏銳的嗅覺，搜索積
雪下方的動物譬如
旅鼠窩，並跳躍一頭
栽進雪裡獵食。

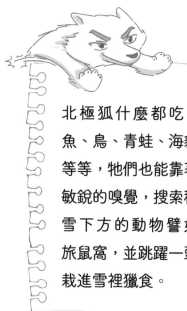

3 出糗的時候，試著保持微笑

免費上網

橫向的蛛絲有黏液，
蜘蛛自己是走
沒有黏液的縱向絲。

花言巧語

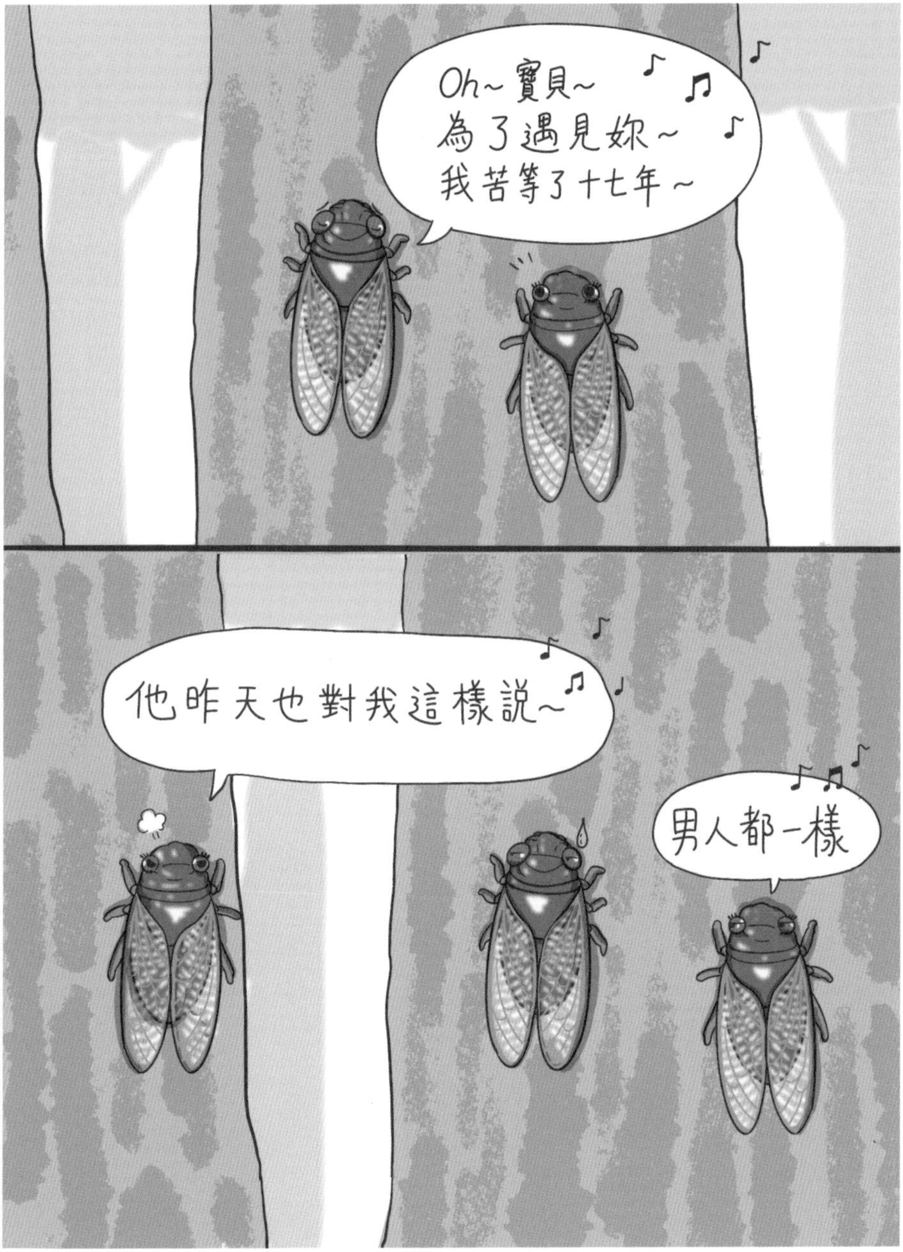

週期蟬破土而出
的年分都是質數，
13或17年。

一顆永流傳

〈註〉洗襪啦，台語的「是我啦」。

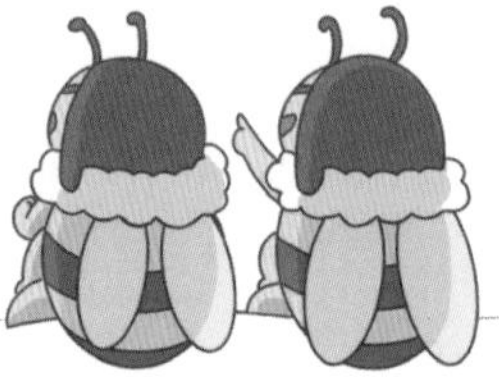

螢火蟲用發光來
求偶和溝通。

西施捧心

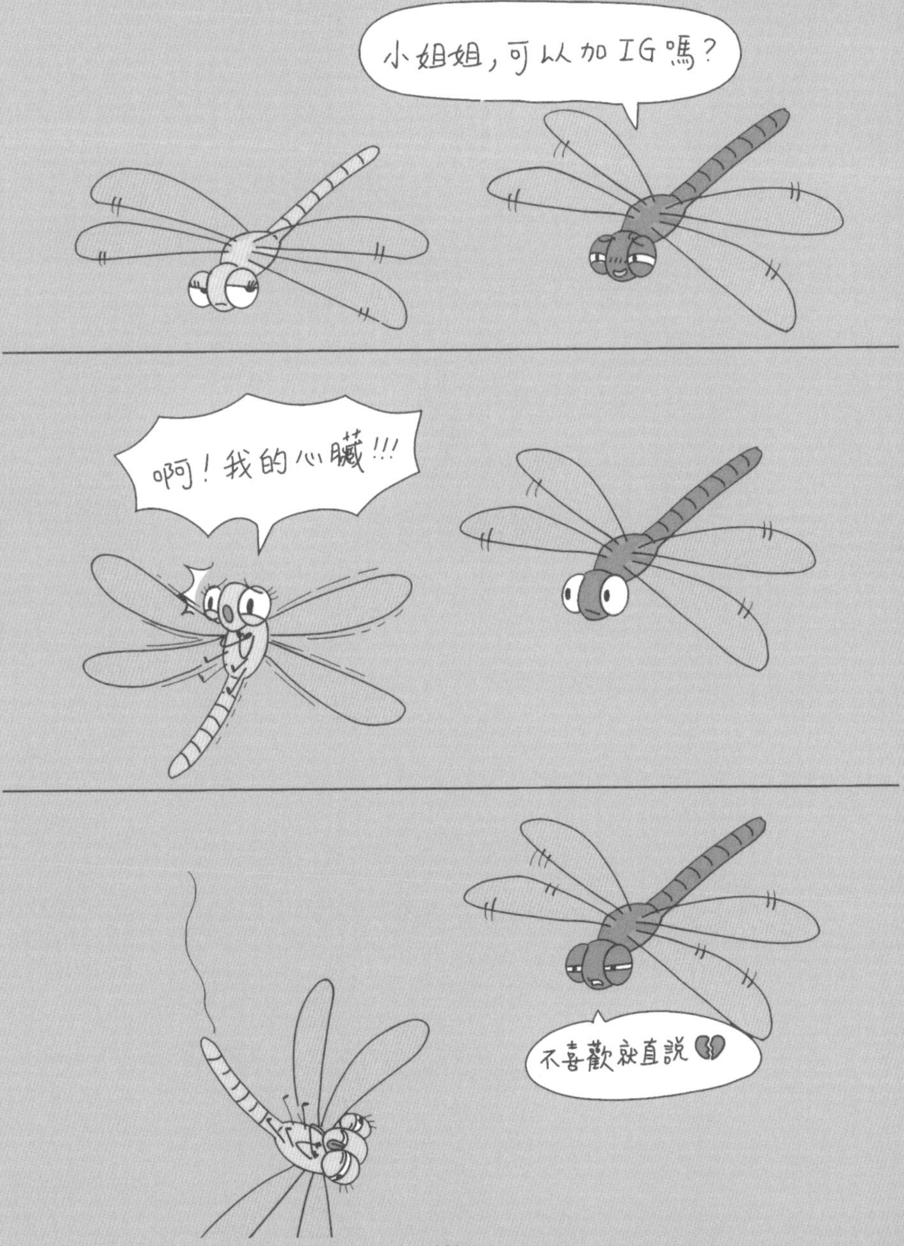
小姐姐，可以加IG嗎？
啊！我的心臟!!!
不喜歡就直說

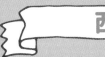

母蜻蜓會裝死來
躲避異性追求。

投石喝水

烏鴉的智力和四歲
的小孩差不多。

中看不中用

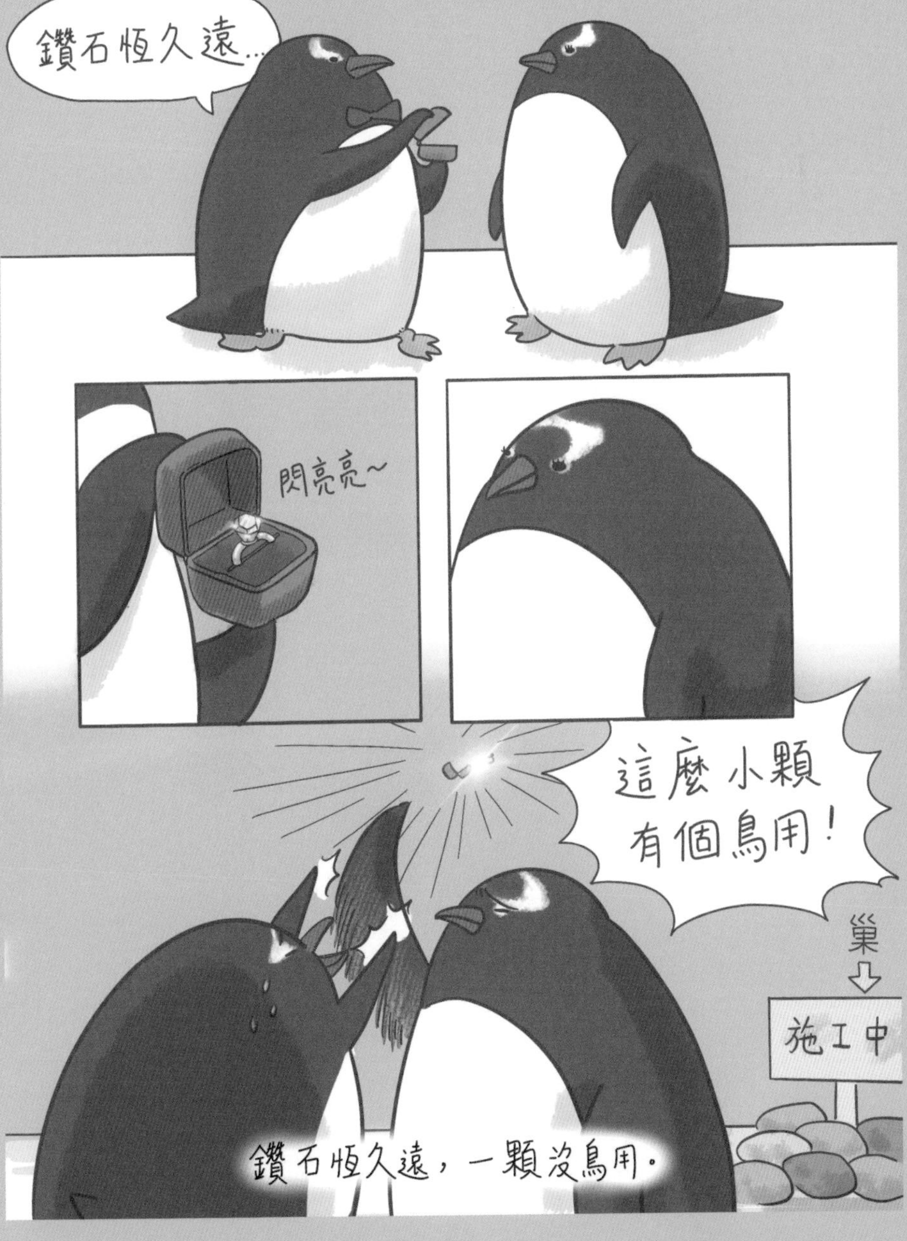
鑽石恆久遠…
閃亮亮～
這麼小顆
有個鳥用！
巢
施工中
鑽石恆久遠，一顆沒鳥用。

公企鵝會送母企鵝
用來築巢的石頭，
來贏得母企鵝
的芳心。

壁咚

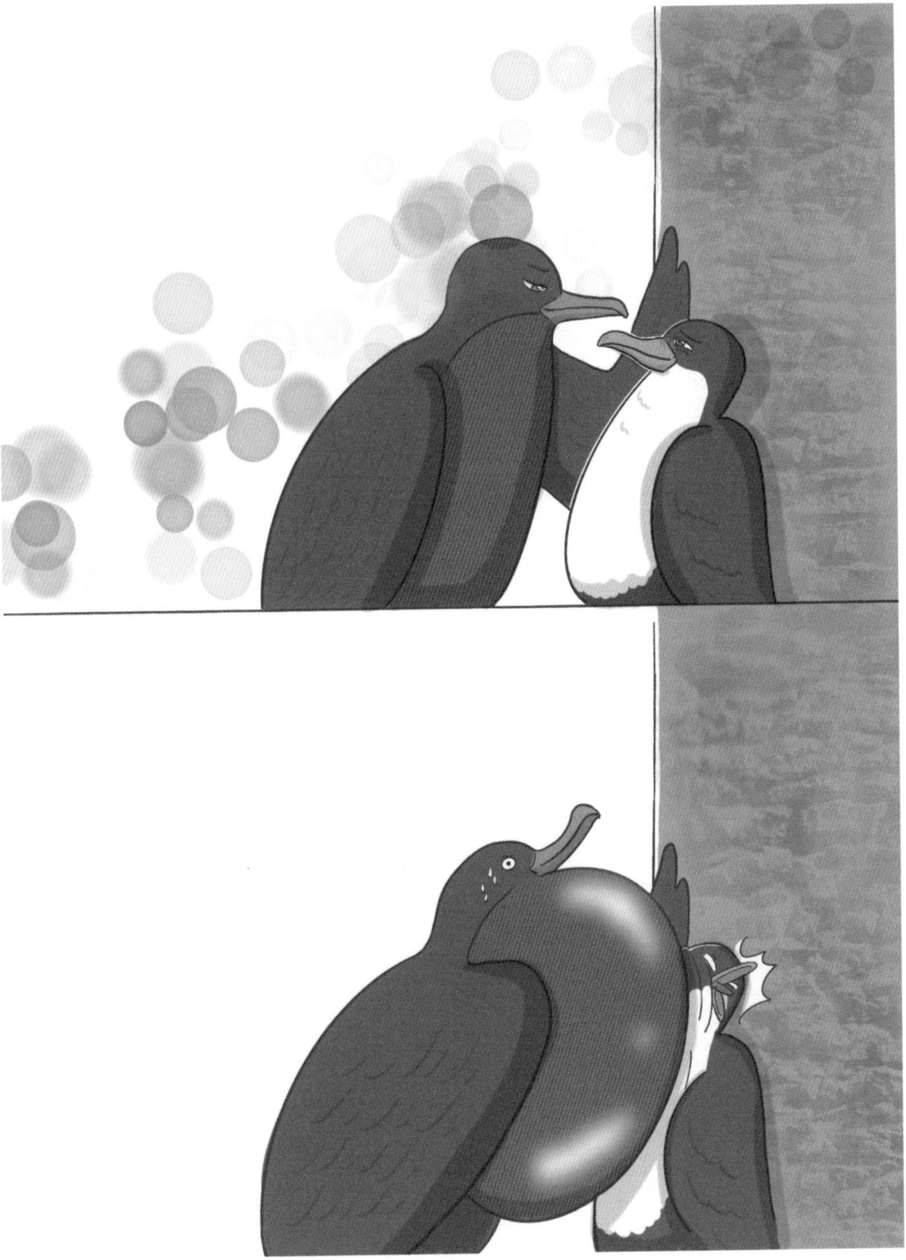

雄軍艦鳥在求偶
的時候會鼓起
鮮紅的喉囊。

我是不小心的

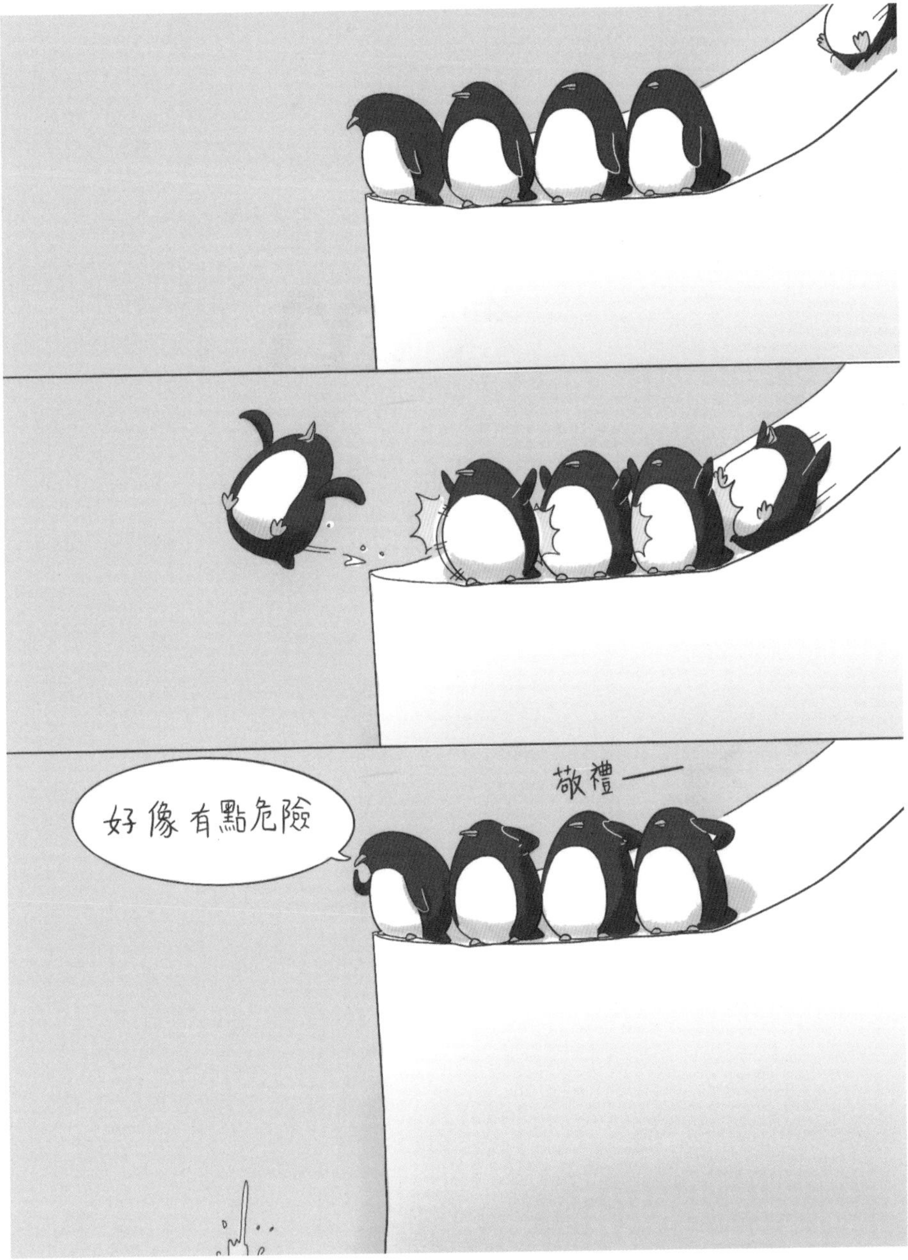

企鵝會聚集在岸邊，
等有同伴下水了再
評估要不要跟進。

過載

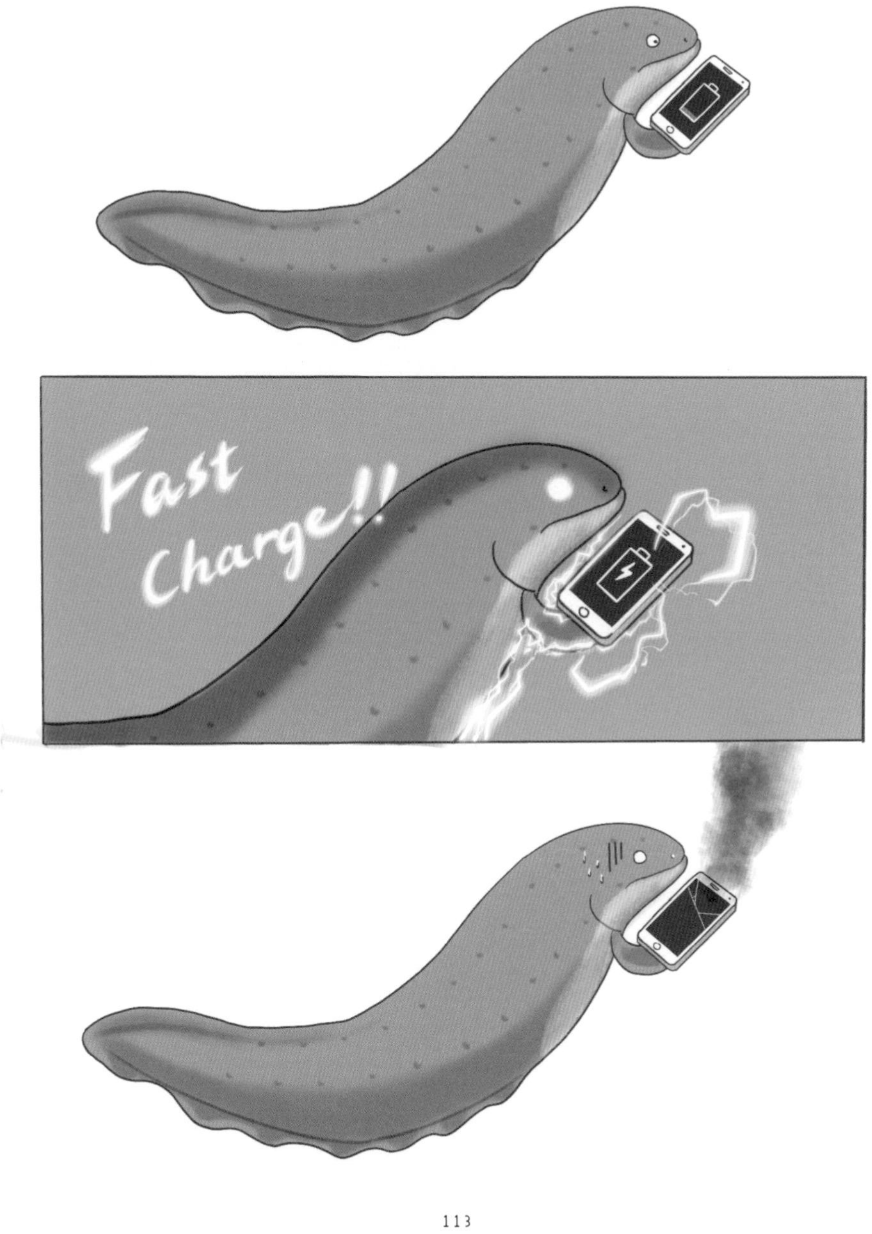

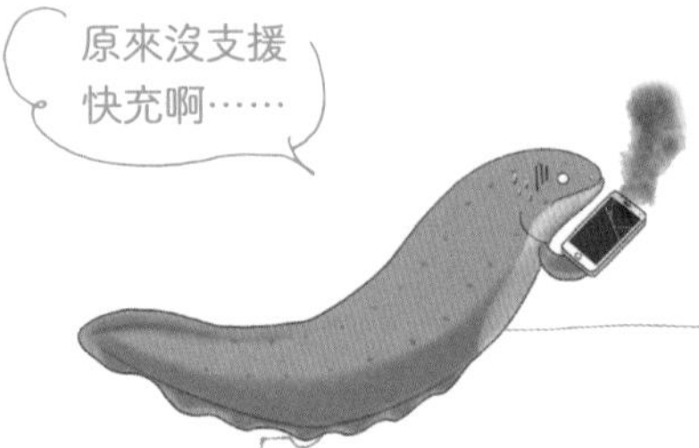

單隻電鰻
最高可釋放
600～860V
的電壓。

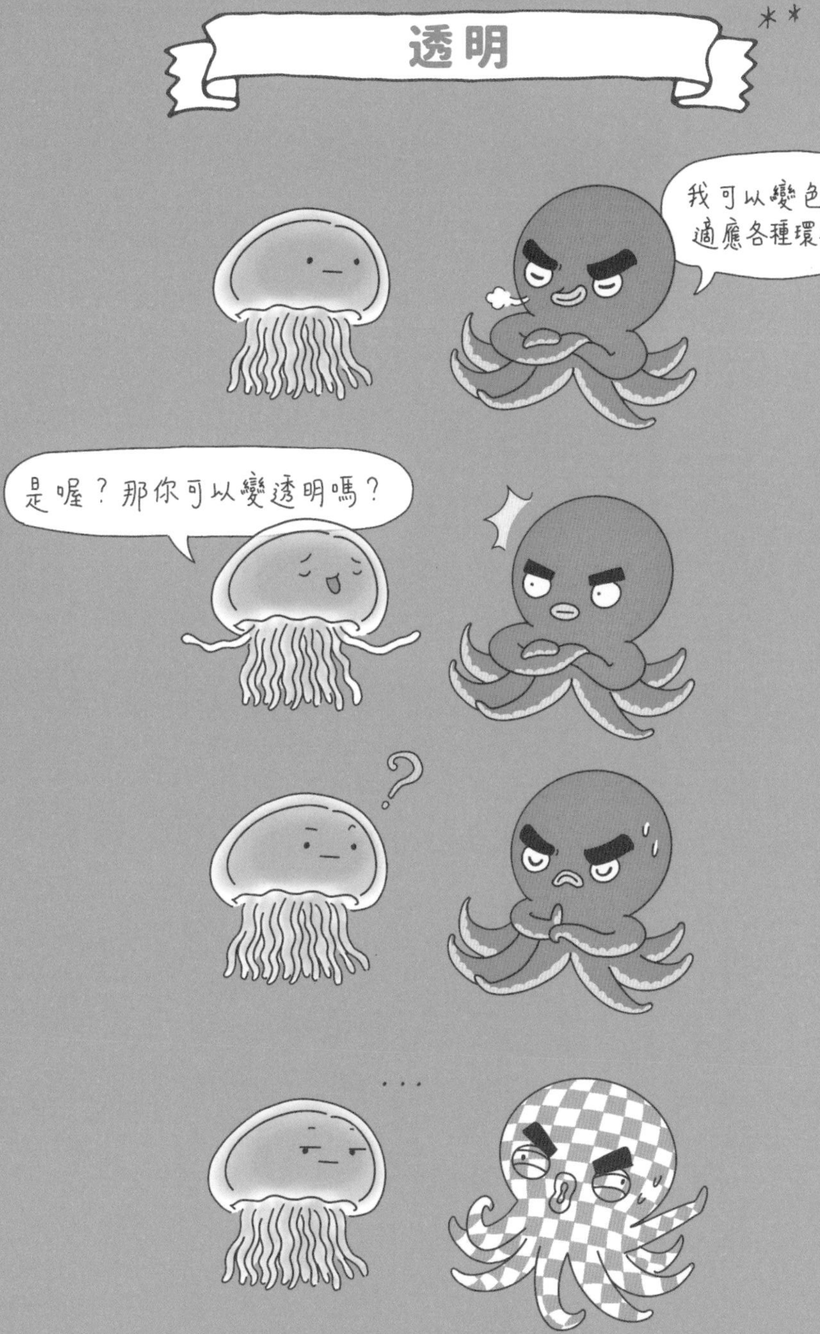
透明
我可以變色來適應各種環境！
是喔？那你可以變透明嗎？
?
...

章魚是自然界的
變裝大王，
可以依據環境改變
形狀和體色。

內馬爾

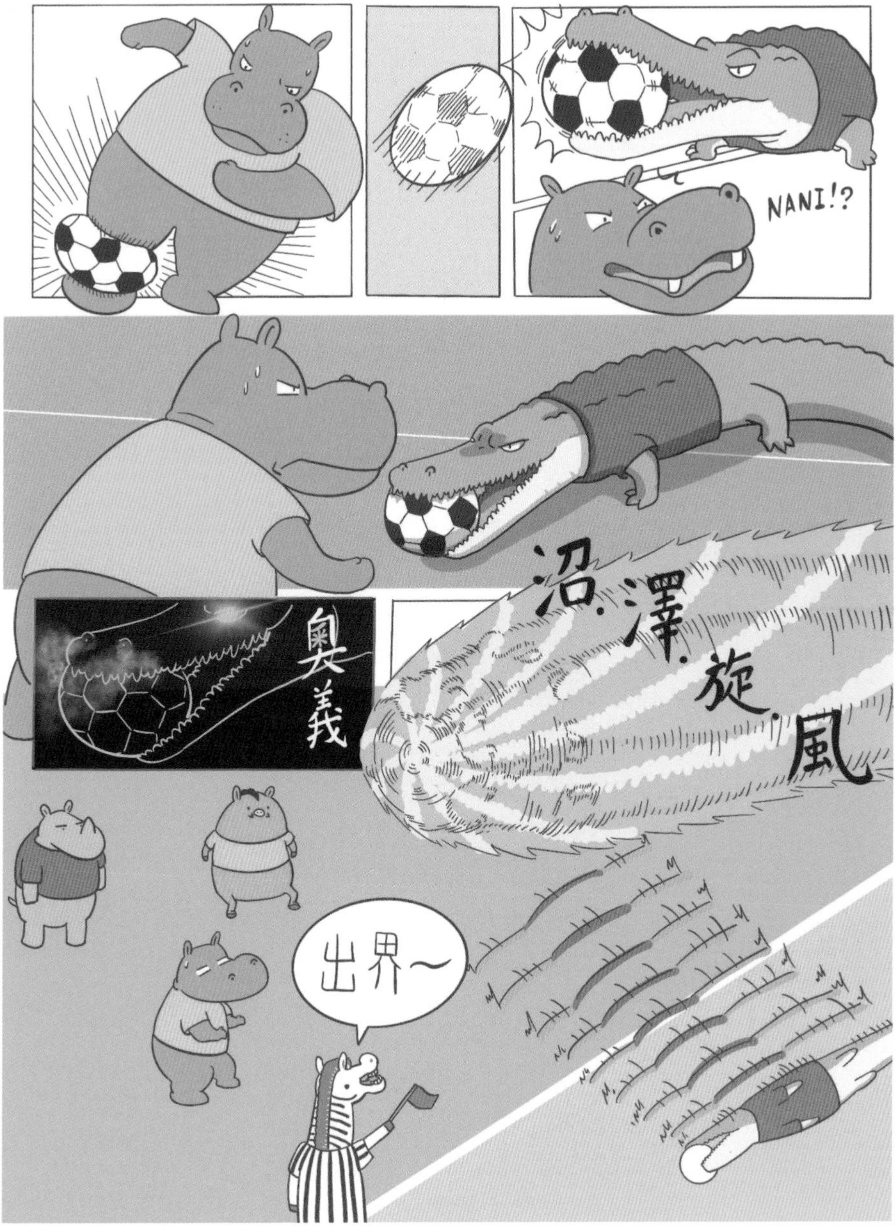

〈註〉內馬爾，巴西足球明星。

鱷魚在咬住大型獵物
時會不斷旋轉以撕裂
獵物，像足球大小的
則會直接吞下肚。

想太多

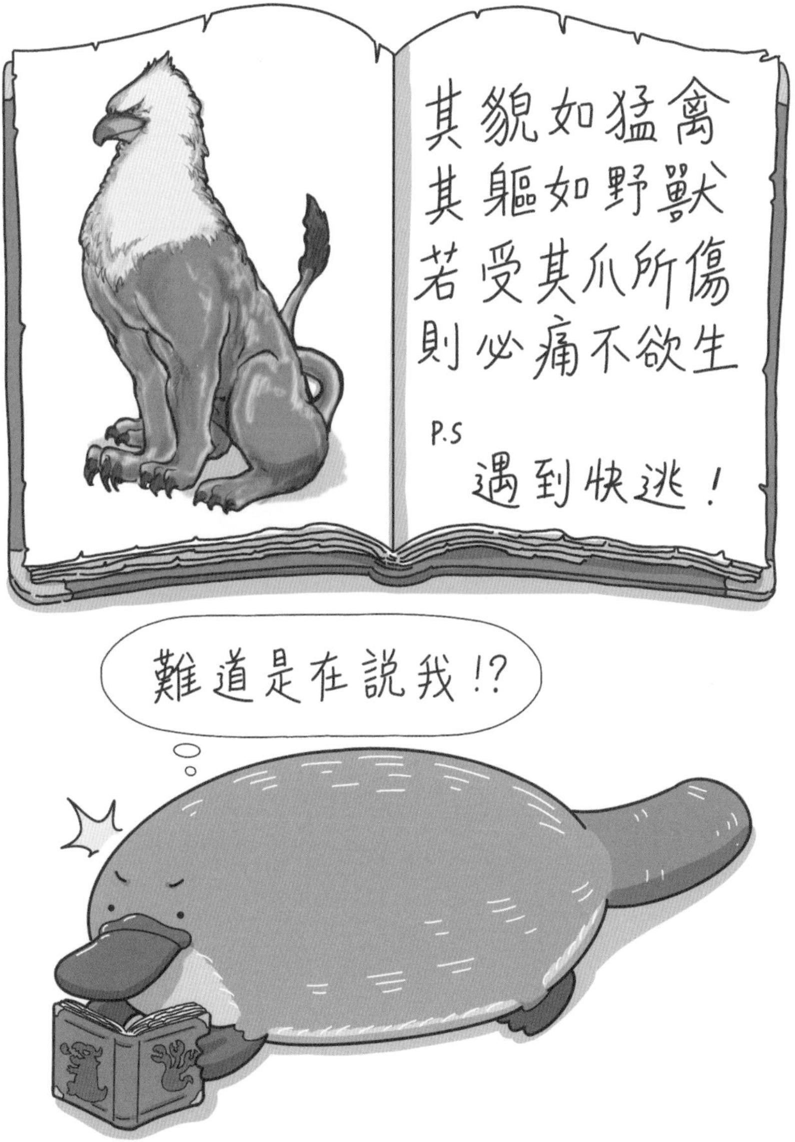
其貌如猛禽
其軀如野獸
若受其爪所傷
則必痛不欲生
P.S
遇到快逃！
難道是在說我!?

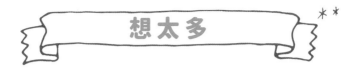

雄鴨嘴獸的後腳

有毒刺。

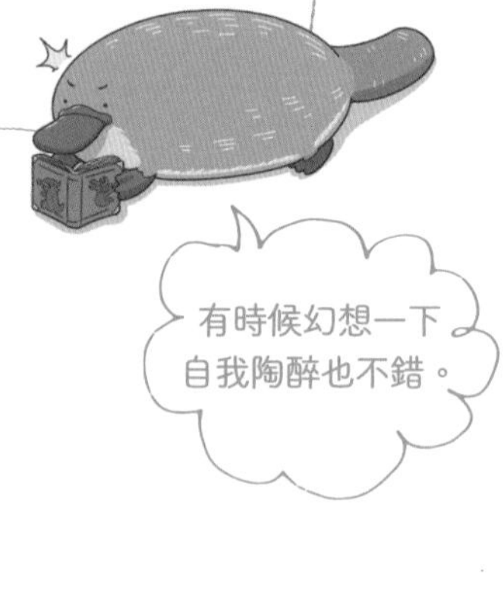
有時候幻想一下
自我陶醉也不錯。

條碼

辨識中...
Hi, Zac!
辨識中...
Hi, Bella!
辨識中...
無法辨識
???
閉嘴！
是最近伙食不錯的Sky啦~
更新中...
Hi, 胖Sky!

每隻斑馬的條紋
都是獨特的。

事情大條了

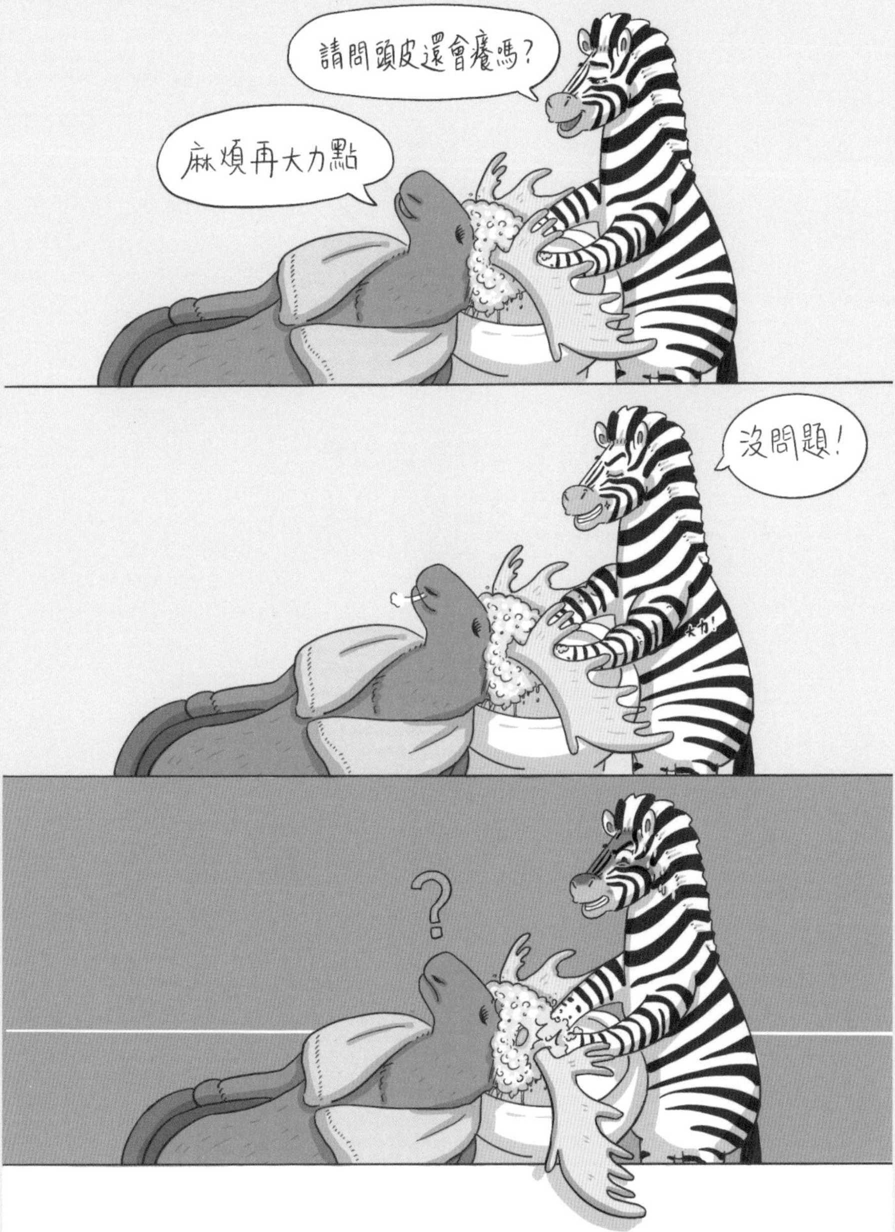

請問頭皮還會癢嗎?
麻煩再大力點
沒問題!
大力!
?

一般雄性麋鹿的角
會在交配季節過後
就脫落。

厚臉皮

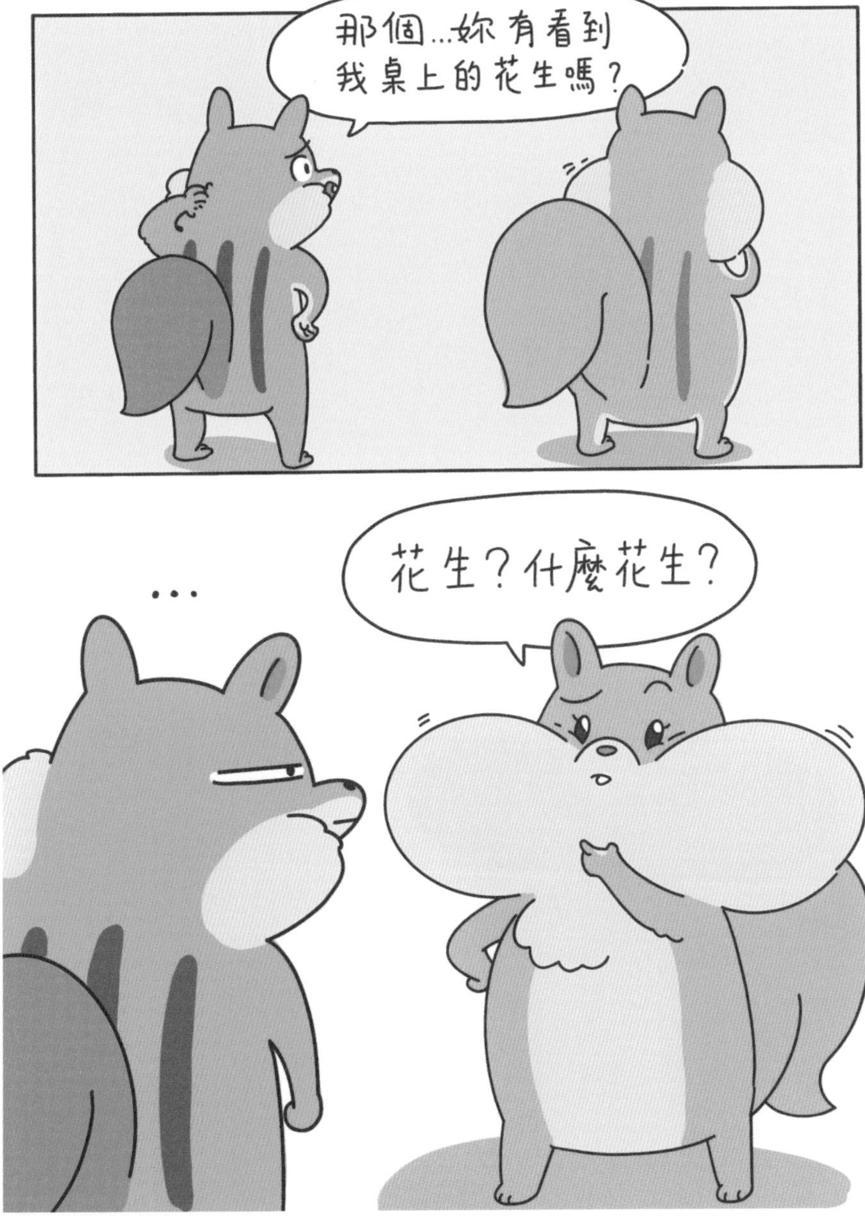
那個…妳有看到
我桌上的花生嗎？
…
花生？什麼花生？

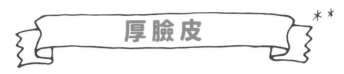

有些倉鼠的頰囊
可以擴張到
身體的 1/3。

豬樹不順

山豬的彈跳力
意外地驚人。

玩笑

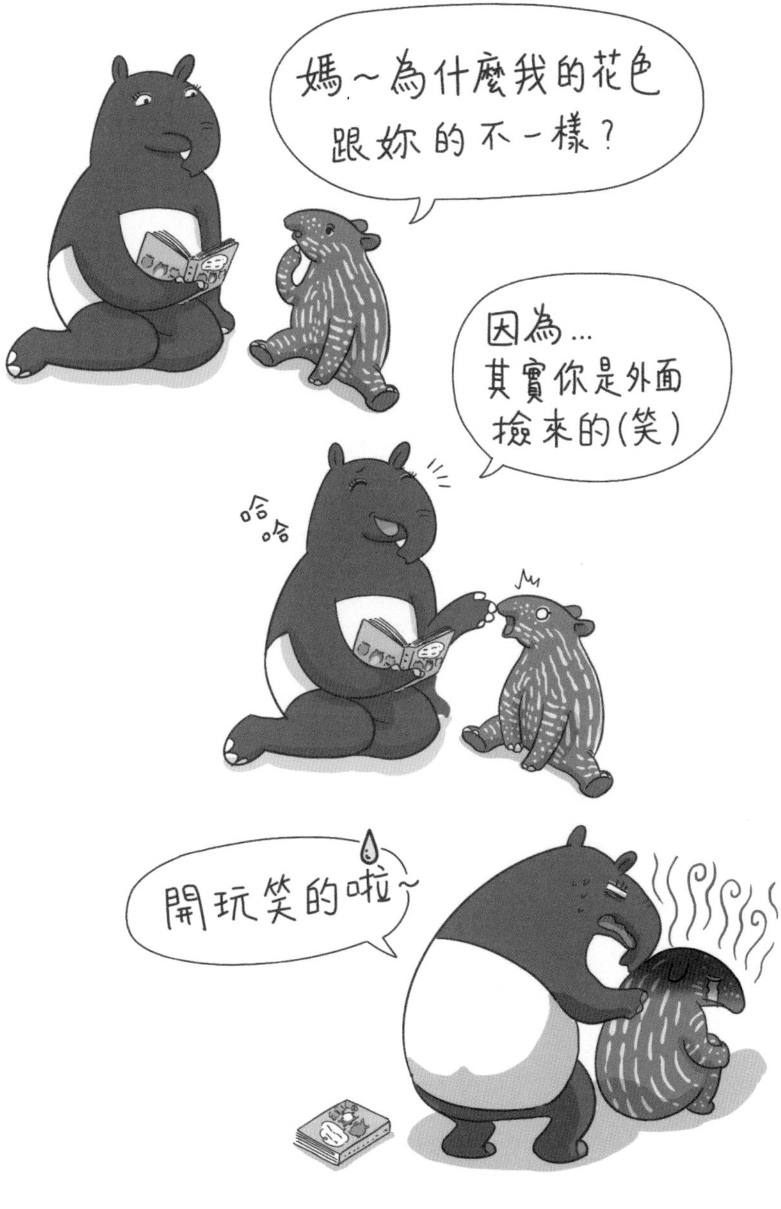
媽~為什麼我的花色跟妳的不一樣?
因為…其實你是外面撿來的(笑)
哈哈
開玩笑的啦~

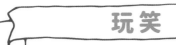

馬來貘寶寶
一個月大之前有著
西瓜斑紋，
四個月時完成換毛。

還是別知道比較好

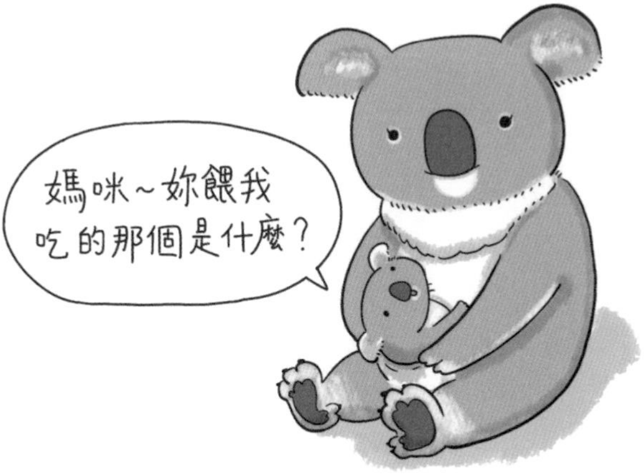
媽咪～妳餵我吃的那個是什麼？

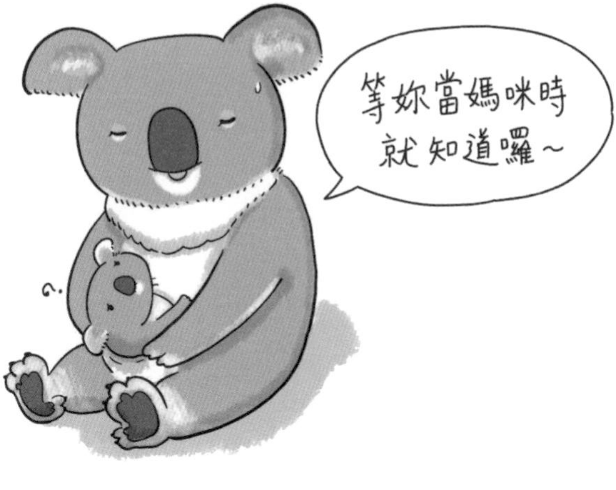
等妳當媽咪時就知道囉～

無尾熊媽媽
會餵寶寶
吃自己的糞便。

叫叫ABC

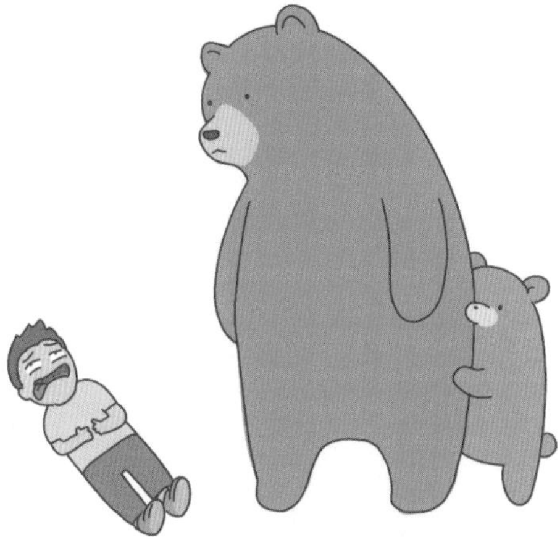

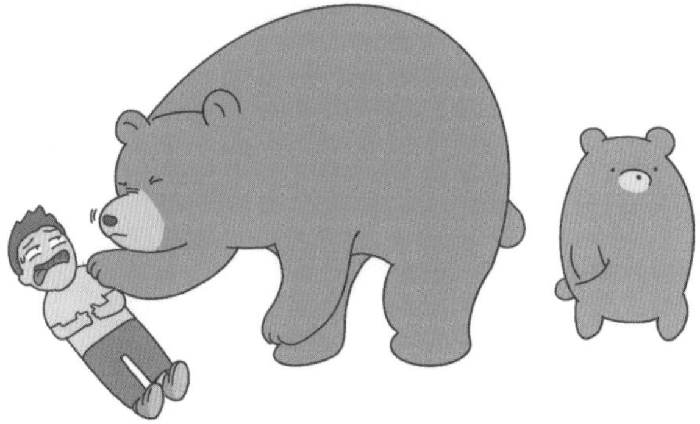

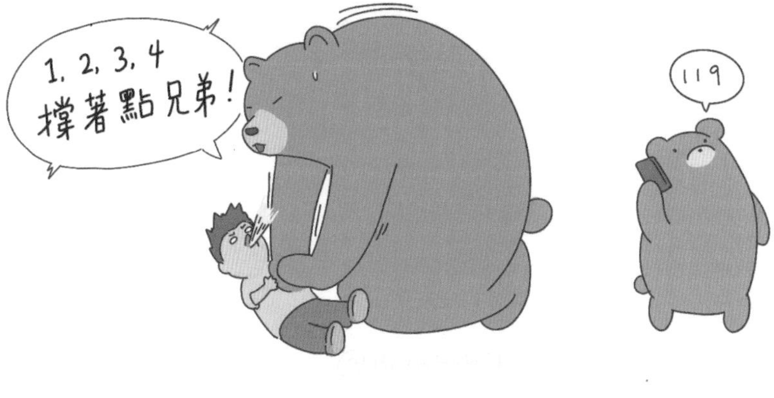
1, 2, 3, 4
撐著點兄弟!
119

野外遇到熊，
裝死可能沒什麼用。

如影隨形

在草叢裡，
誰都看不到我！
在你旁邊，
誰都看不到我！
超顯眼！
他是要蹲到什麼時候？
誰知道

〈註〉這篇靈感來自攝影師M ithun H的作品

黑豹不是單一物種，
是帶有基因變異的
黑化美洲豹或花豹。

眼不見為淨

聯狐超大的耳朵
可以在沙漠炎熱的
高溫下幫助散熱。

狼來了

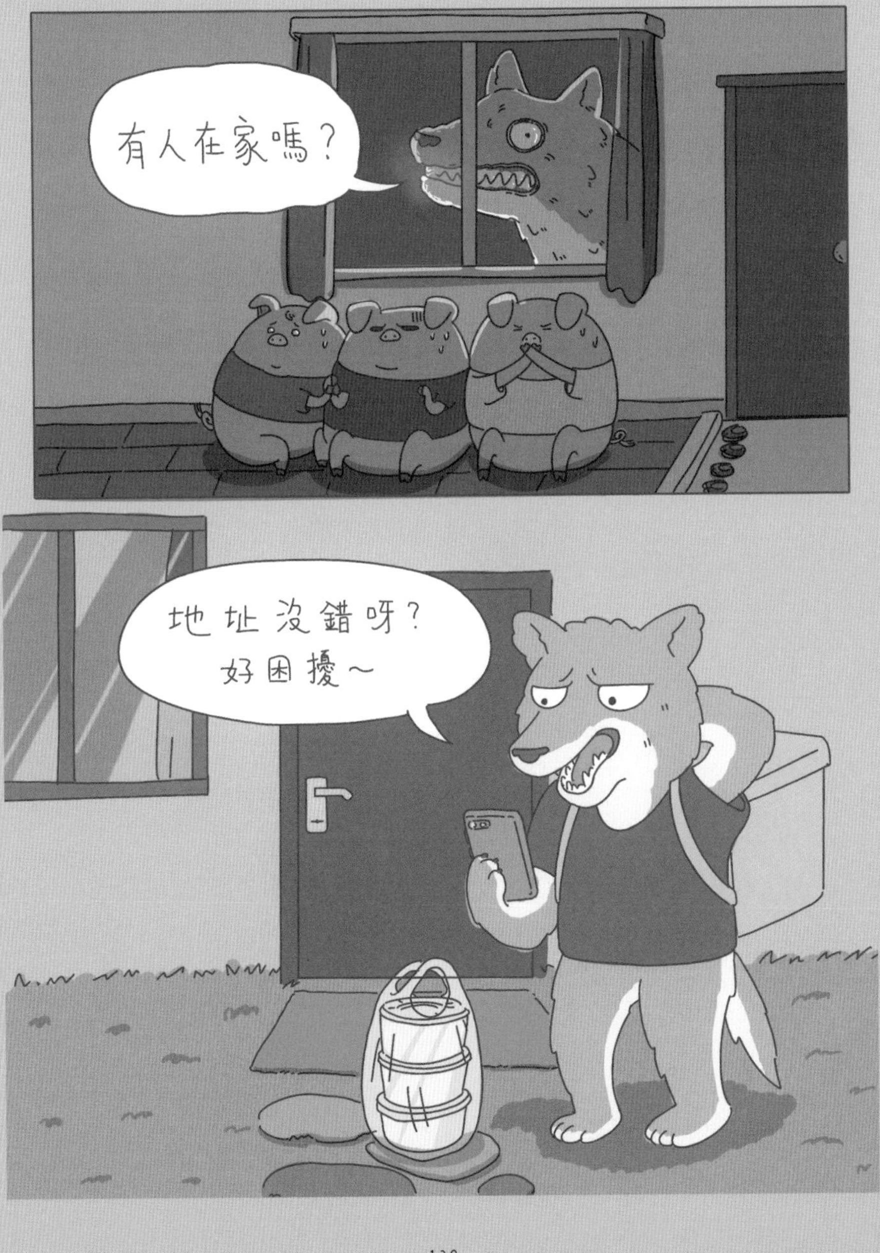
有人在家嗎？
地址沒錯呀？好困擾～

因為童話故事
的關係，
狼算是最常被誤解
的生物。

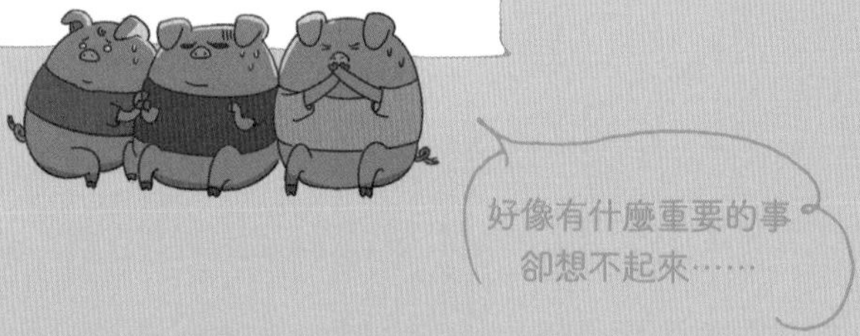

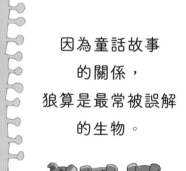

線頭

「真材實料」
才禁得起考驗。

綿羊身上的羊毛
並不會因為
淋到雨而縮水。

4 心累的你，來點笑素吧！

卡拉不OK

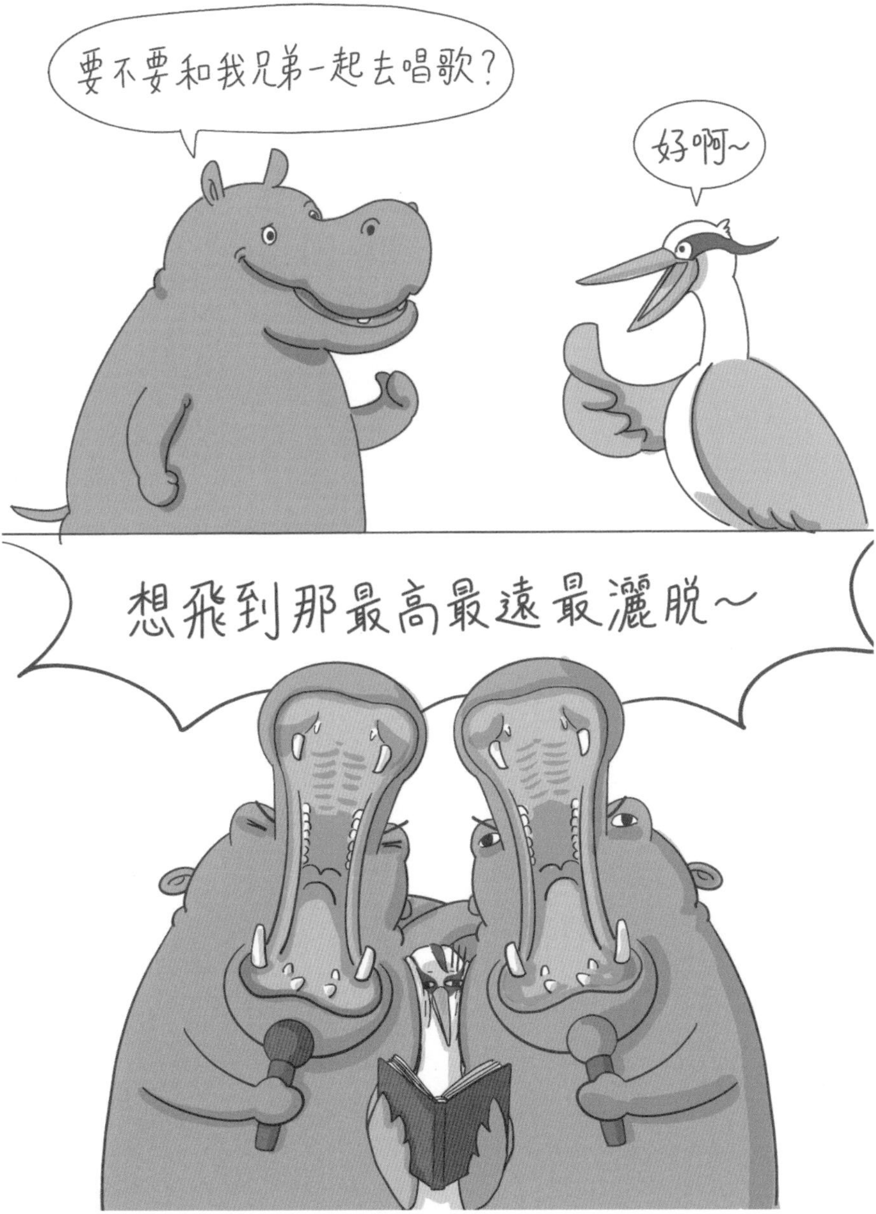
要不要和我兄弟一起去唱歌？
好啊~
想飛到那最高最遠最灑脫~

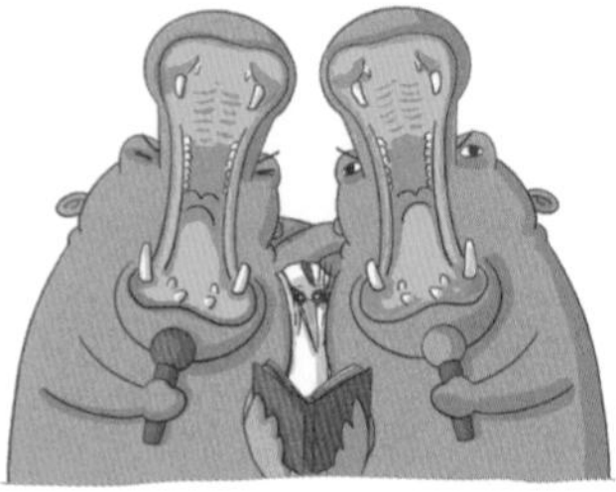

河馬大嘴的咬合力
可達每平方公分
125 公斤。

蟾蜍王子

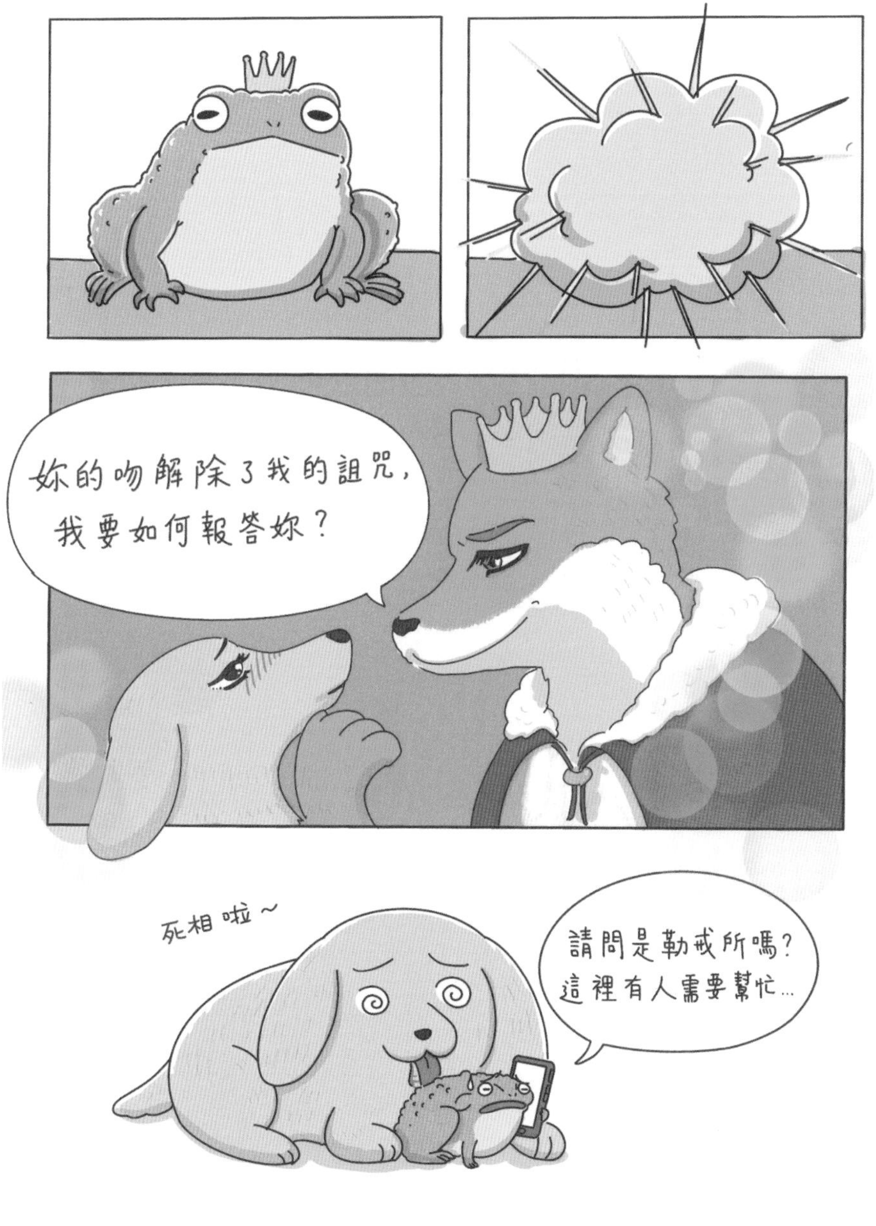
妳的吻解除了我的詛咒，
我要如何報答妳？
死相啦～
請問是勒戒所嗎？
這裡有人需要幫忙…

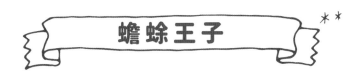

海蟾蜍（又稱蔗蟾）會分泌蟾毒素（中藥「蟾酥」的原料），舔過蟾蜍的狗狗不幸會產生毒癮。

清蒸活魚

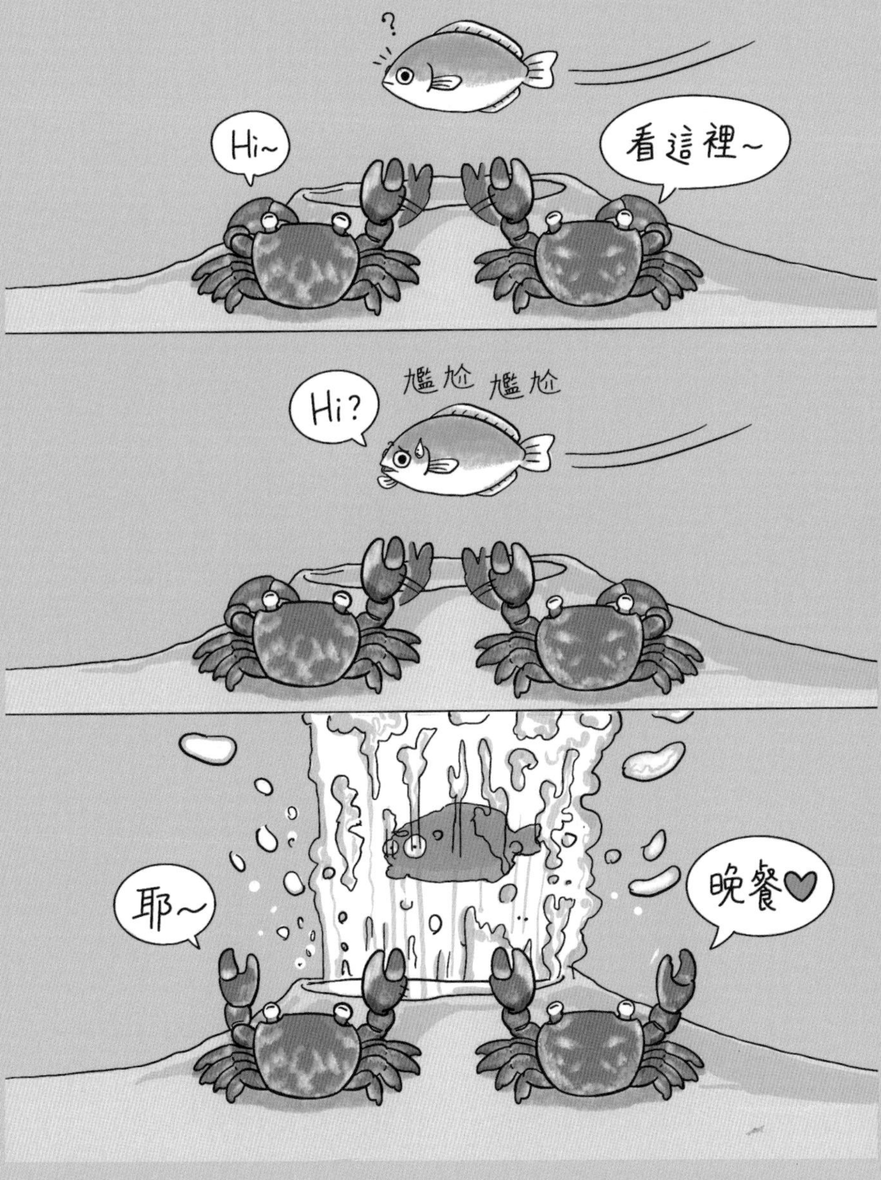

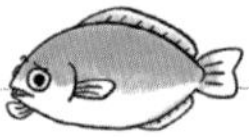

怪方蟹會吃
被淺海熱泉燙死的
浮游生物維生。

掀桌啦！

成年的江獺兇起來，
有時連鱷魚
都不敢招惹牠！

垂涎三平方公尺

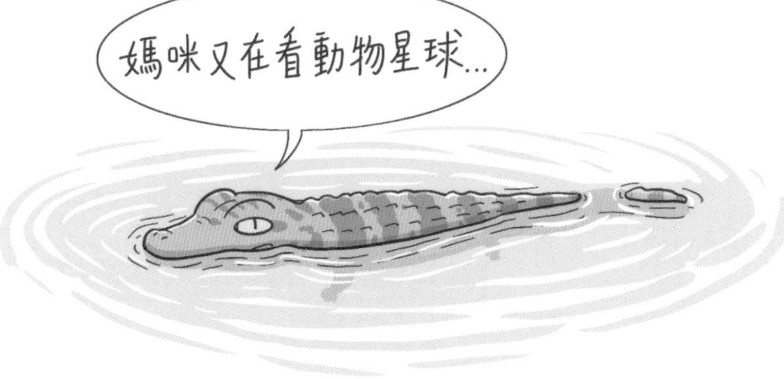
媽咪又在看動物星球...

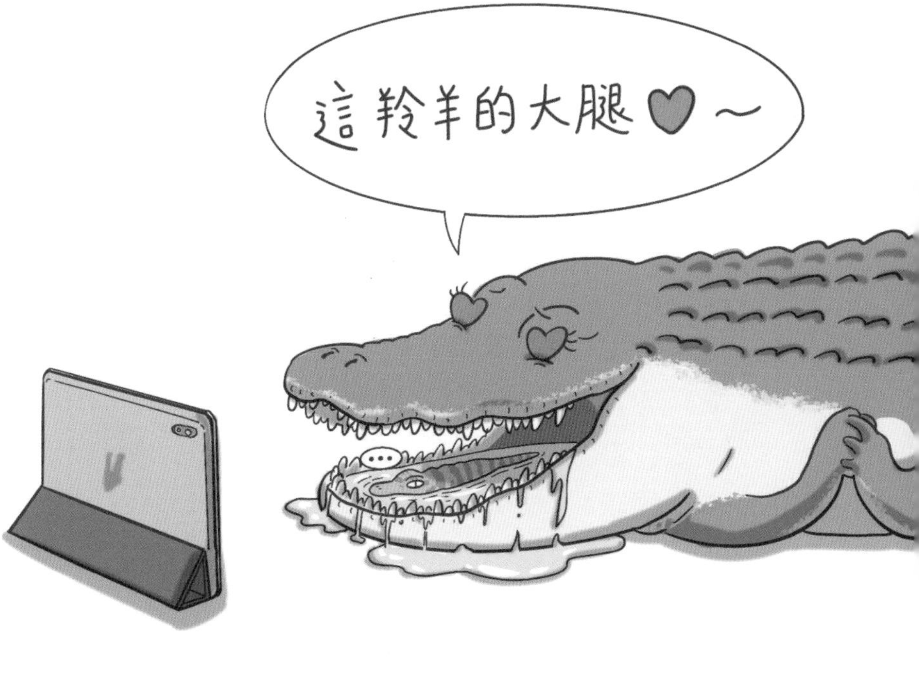
這羚羊的大腿♥～

鱷魚媽媽會將剛孵化的小鱷魚含在嘴裡，帶到安全的地方再放下來。

（備註：是乾乾地含在嘴裡。）

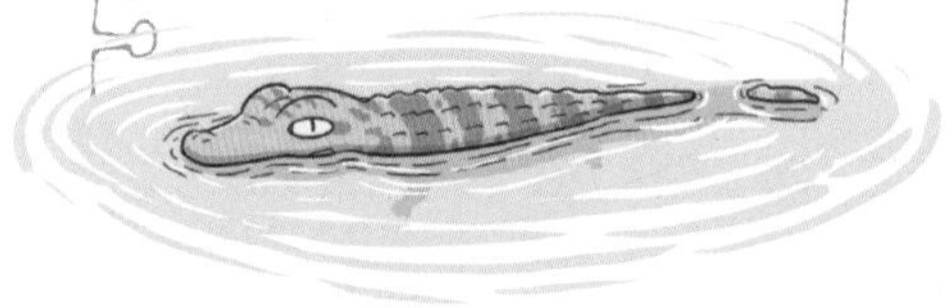

請穿上褲子

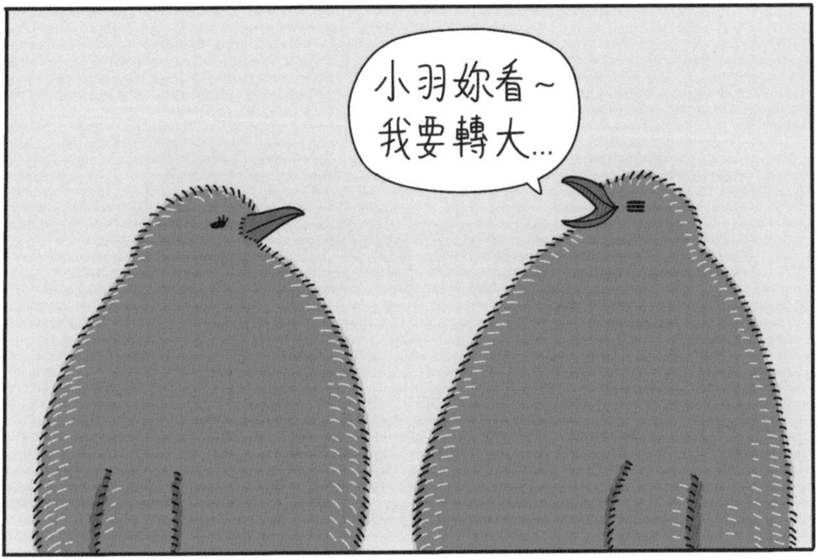
小羽妳看~
我要轉大...

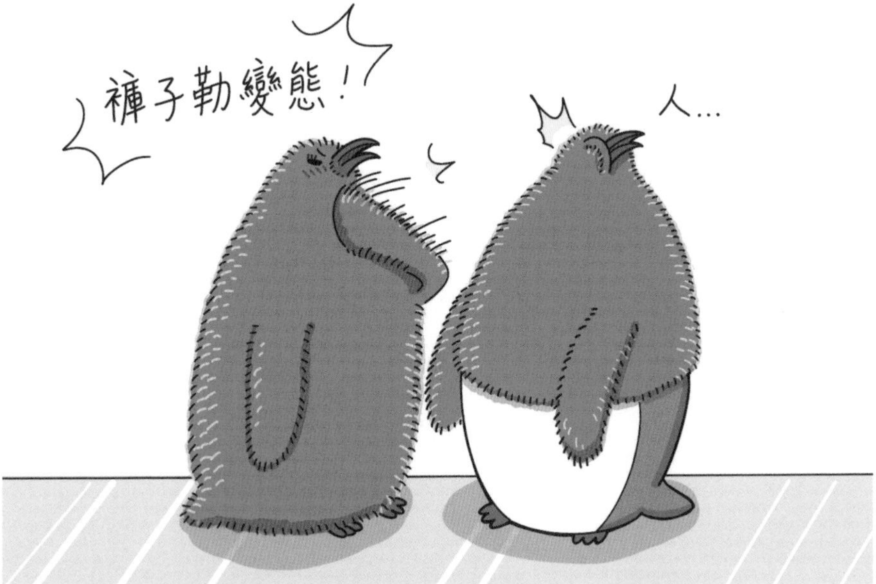
褲子勒變態!
人...

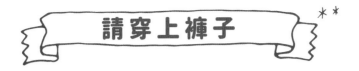

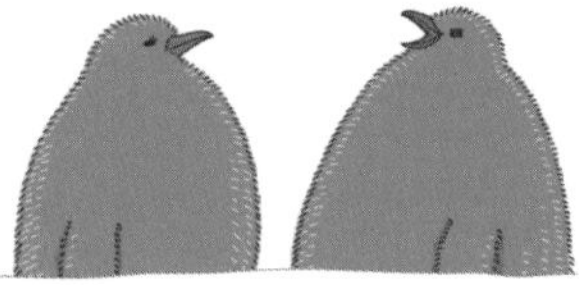

國王企鵝

「轉大人」的時期，

羽毛會不規則脫落。

電位差

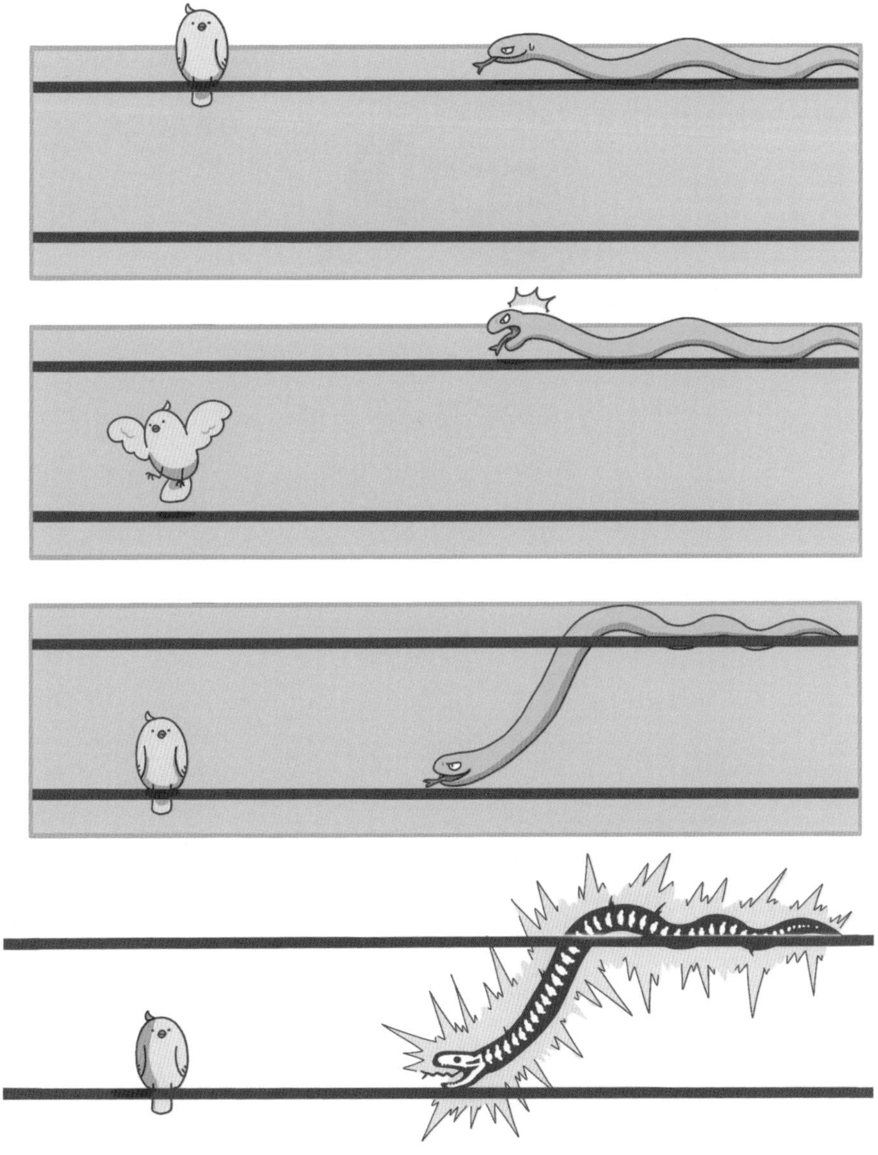

蛇類左右兩邊的下顎骨
是以韌帶及肌肉相連，
所以下顎骨可以自由活
動，吞食大型獵物。

小鳥站在單一的一條
電線上沒有電位差
所以很安全。

忍者龜

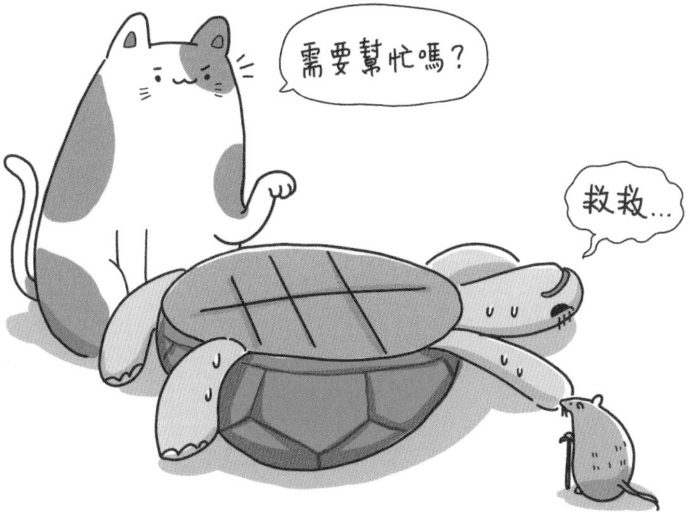
需要幫忙嗎？
救救…

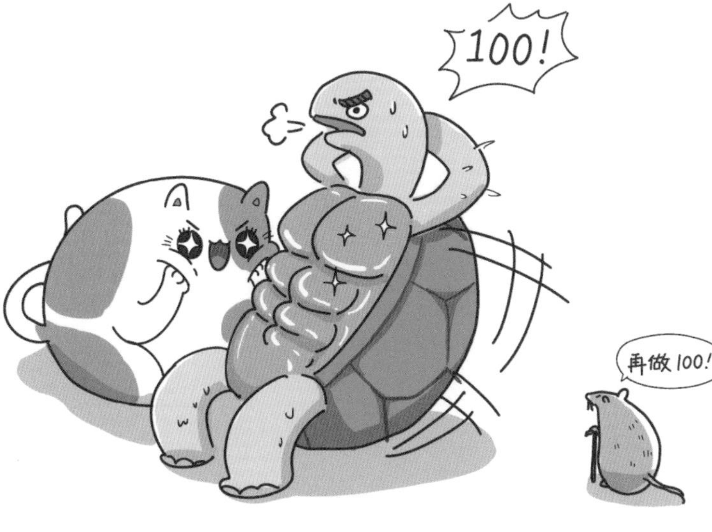
100!
再做100!

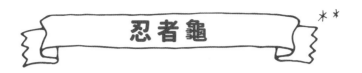

健康的烏龜

可以自己翻身。

傳說中的獅子鬃毛

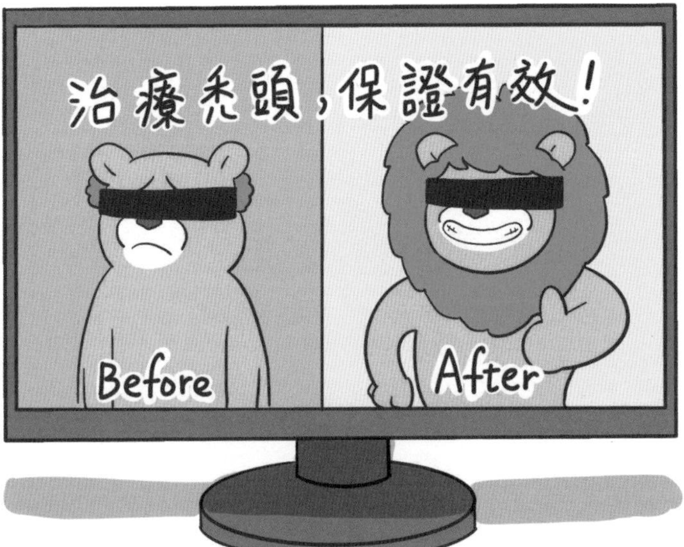
治療禿頭，保證有效！
Before
After

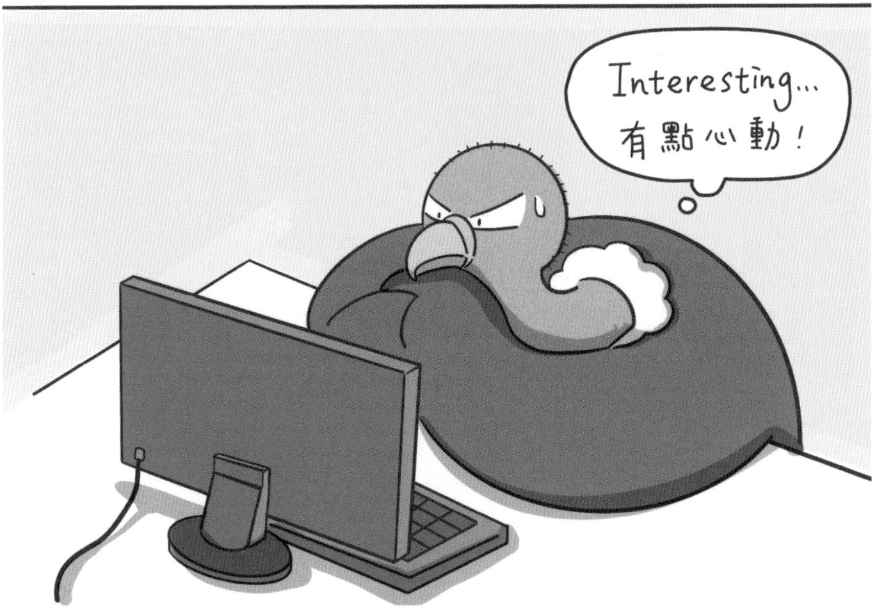
Interesting…
有點心動！

禿鷹會把頭插進
腐屍內進食，
禿頭可以減低感染的
可能性。

抓耙子

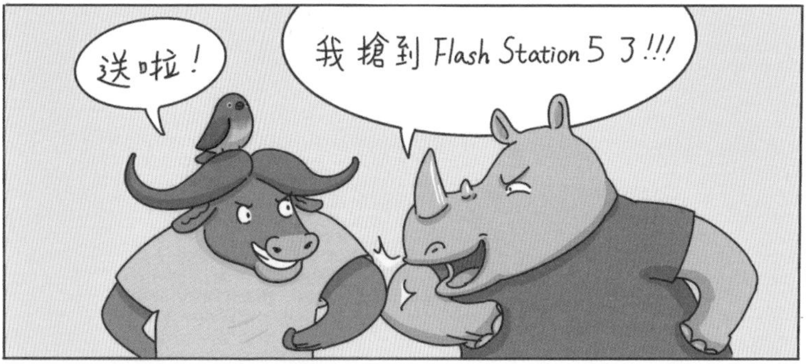
我搶到Flash Station5了!!!
送啦！

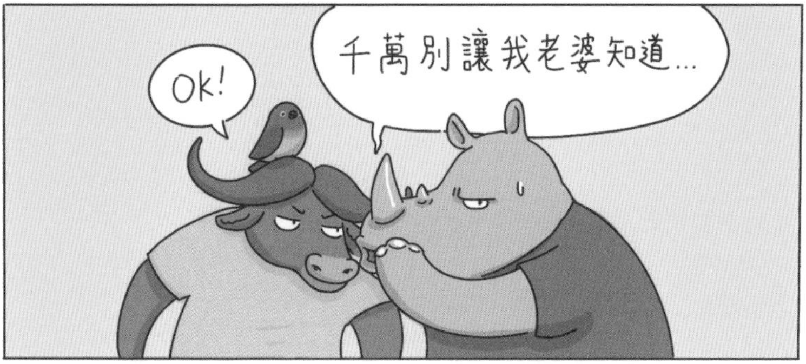
千萬別讓我老婆知道...
OK!

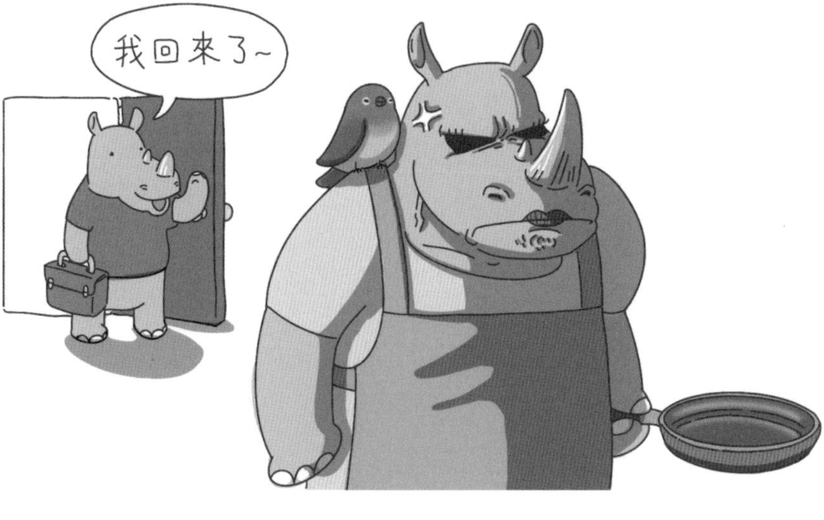
我回來了~

可以買到二手便宜的
FS5 了！
牛椋鳥會替犀牛
注意掠食動物
並通風報信。

電蜂扇

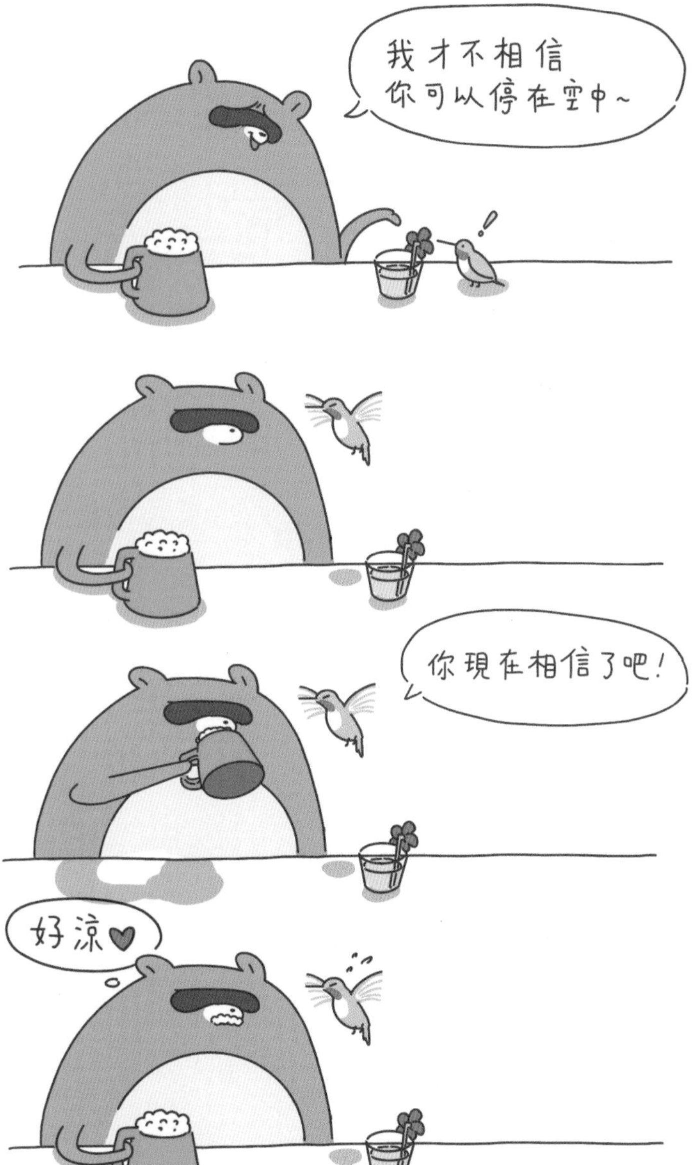
我才不相信
你可以停在空中~
你現在相信了吧!
好涼

蜂鳥可以

高速拍打翅膀，

讓自己懸停在空中。

用力！

有些蝙蝠會在尿尿的
時候，從倒吊的姿勢
換成吊單槓的樣子。

惡魔風腳

羊駝可以有效地
驅逐入侵者，
是牧羊的好幫手。

不求人

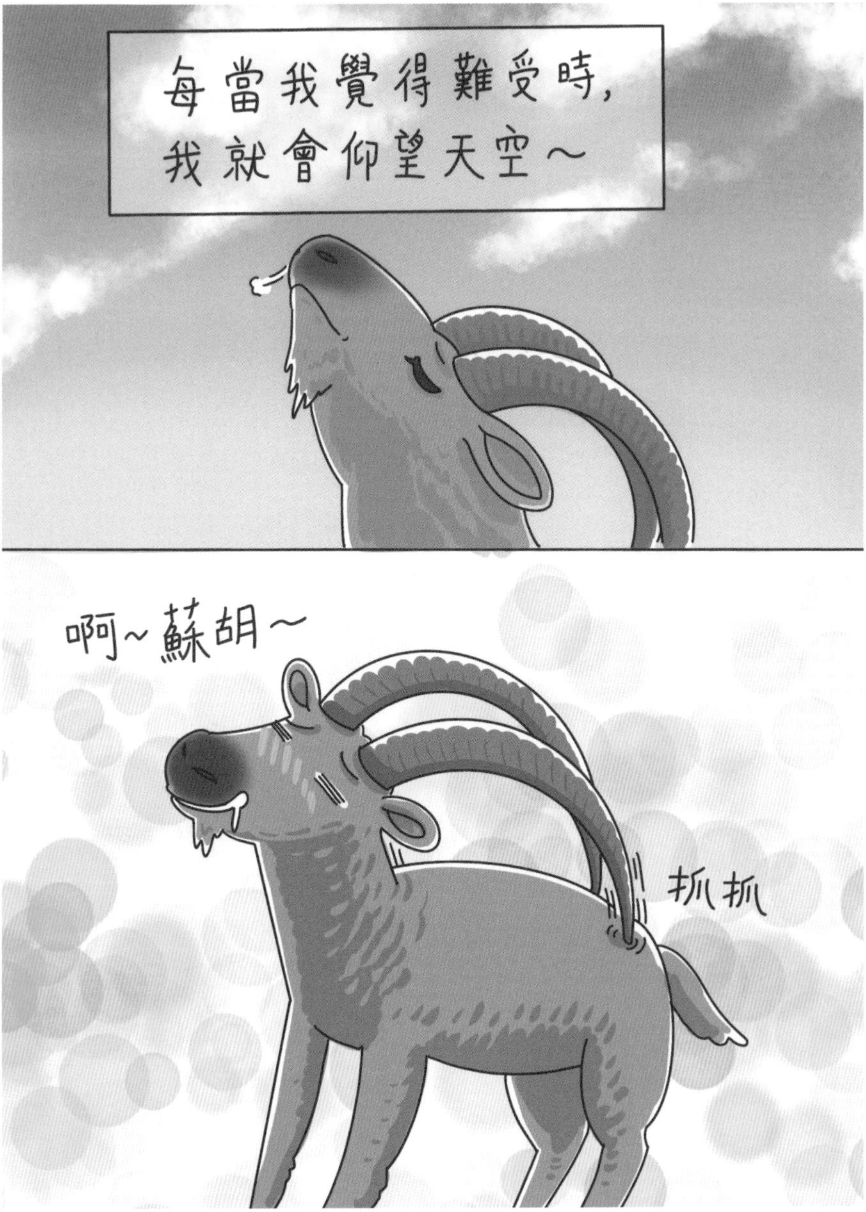
每當我覺得難受時，
我就會仰望天空～
啊~蘇胡～
抓抓

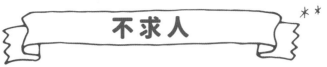

公振羊擁有
又大又長的角，
甚至可以
用來抓屁股。

失眠

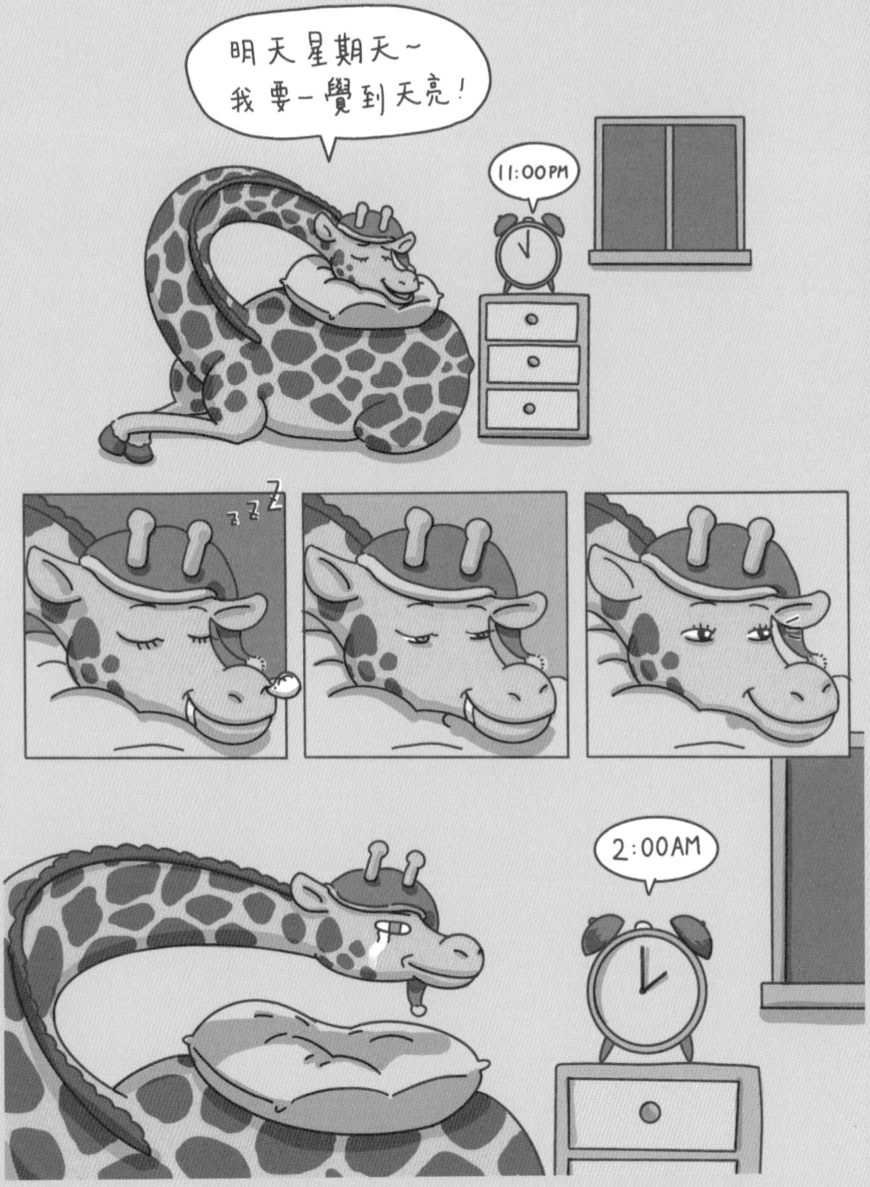

明天星期天～
我要一覺到天亮！
11:00PM
2:00AM

野生的長頸鹿一天只有20分鐘的睡眠時間，而且熟睡可能只有1-2分鐘。飼育的平均則可睡四個多小時。

消失的橡果

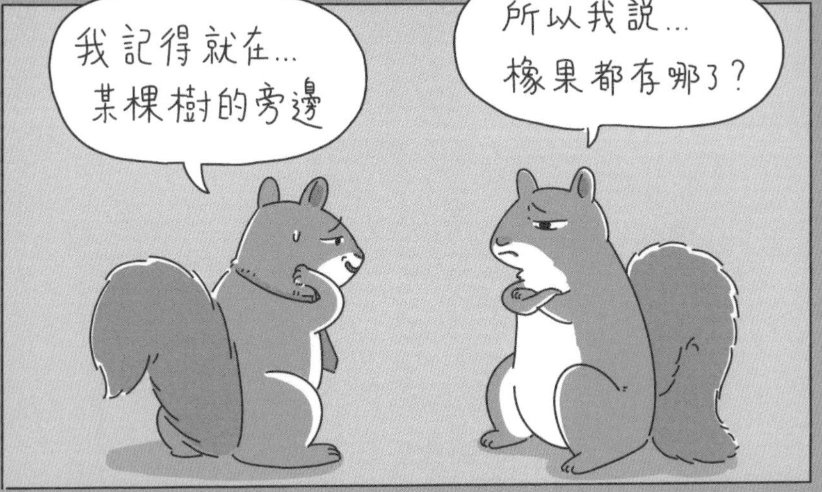
我記得就在…
某棵樹的旁邊
所以我說…
橡果都存哪了？

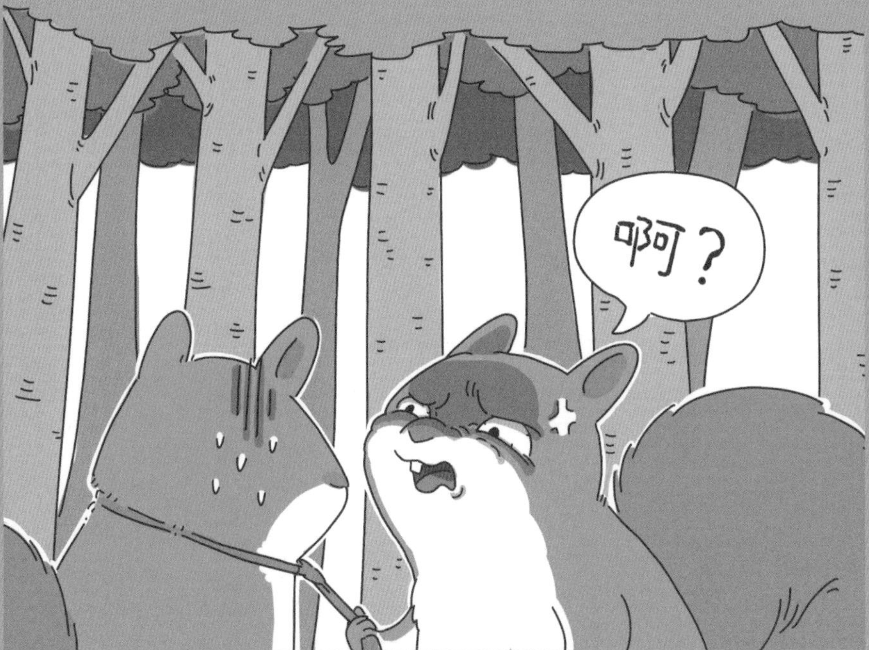
啊？

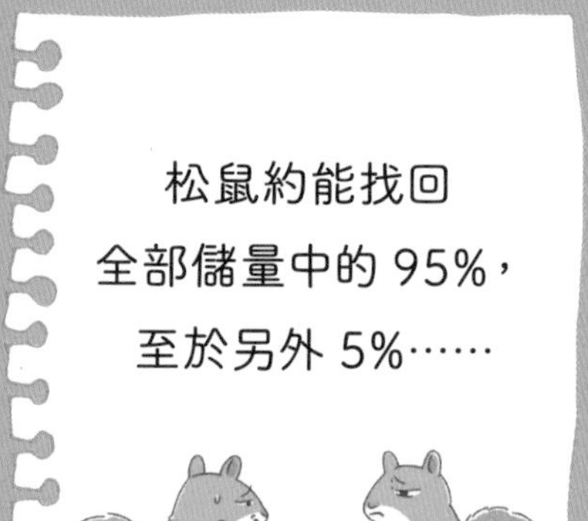
松鼠約能找回
全部儲量中的 95%，
至於另外 5%……

廚餘桶

都市中的浣熊
很會從人類的垃圾中
覓食。

墮落

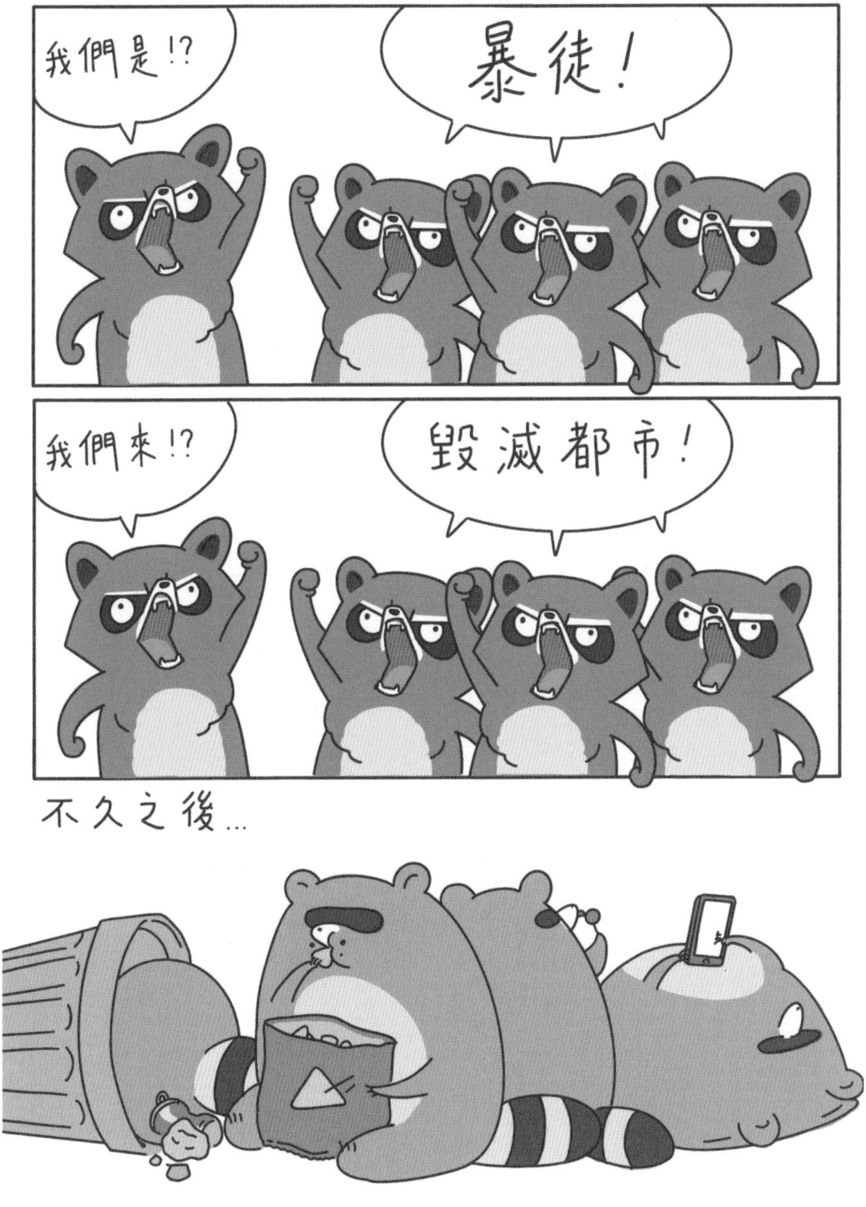
我們是!?
暴徒!
我們來!?
毀滅都市!
不久之後...

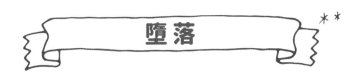

浣熊非常能
適應都市生活。
浣熊是最討厭的
吃貨……

烤肉醬

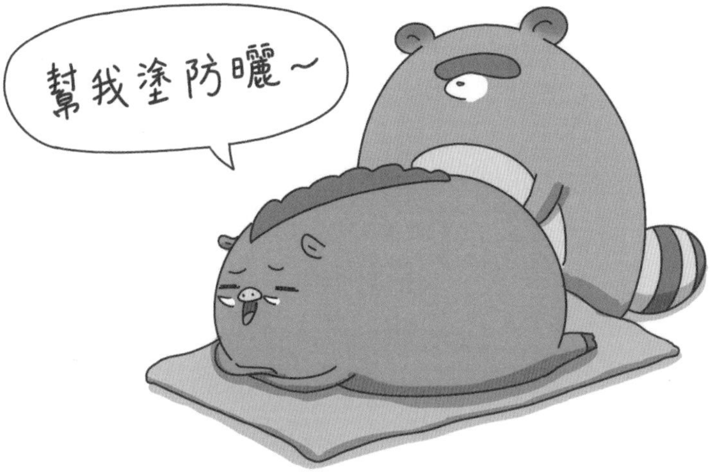
幫我塗防曬~

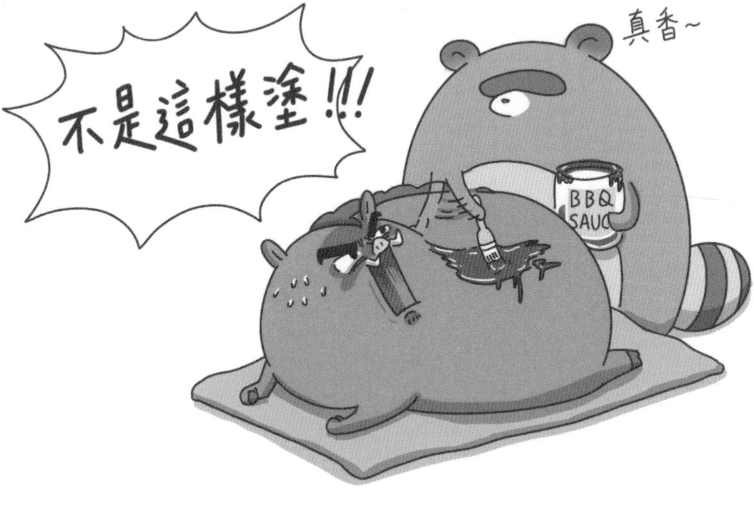
不是這樣塗!!!
真香~
BBQ
SAUC

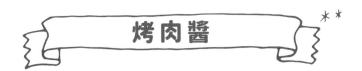

美味和胖是兩回事！

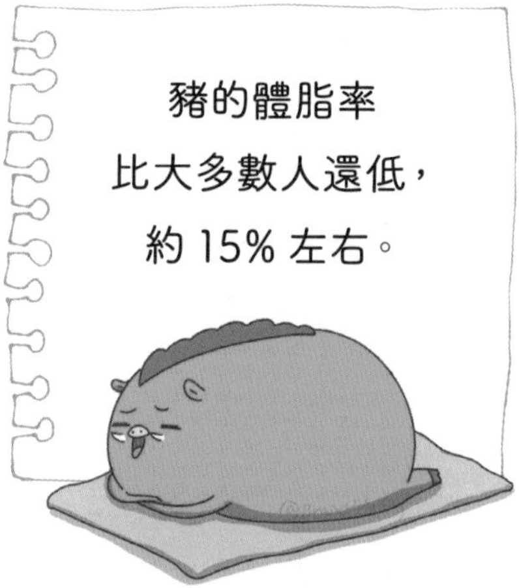
豬的體脂率
比大多數人還低，
約 15% 左右。

3D 效果

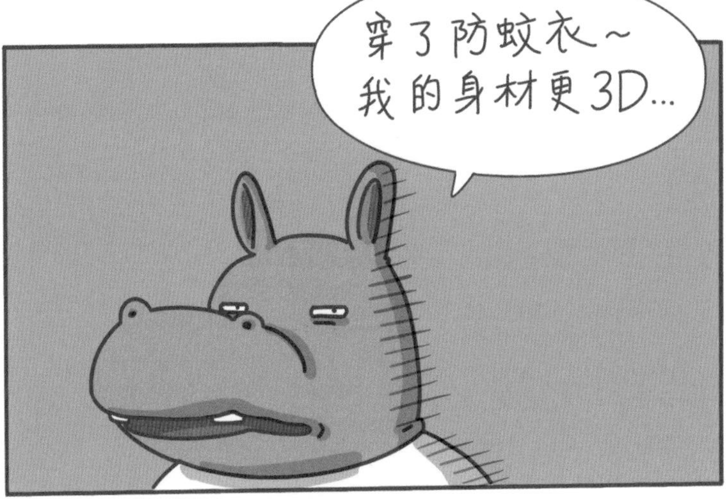
穿了防蚊衣~
我的身材更3D...

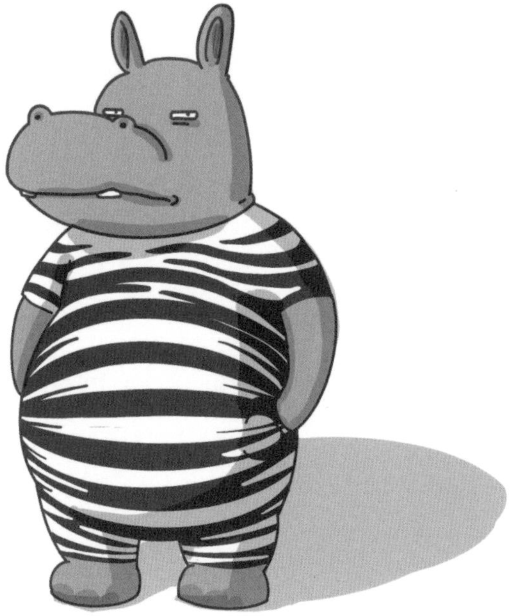

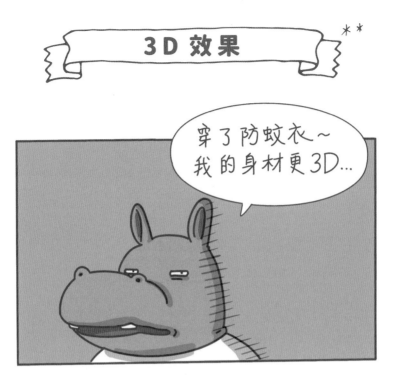

斑馬紋有
驅蠅蟲的效果。

小白臉

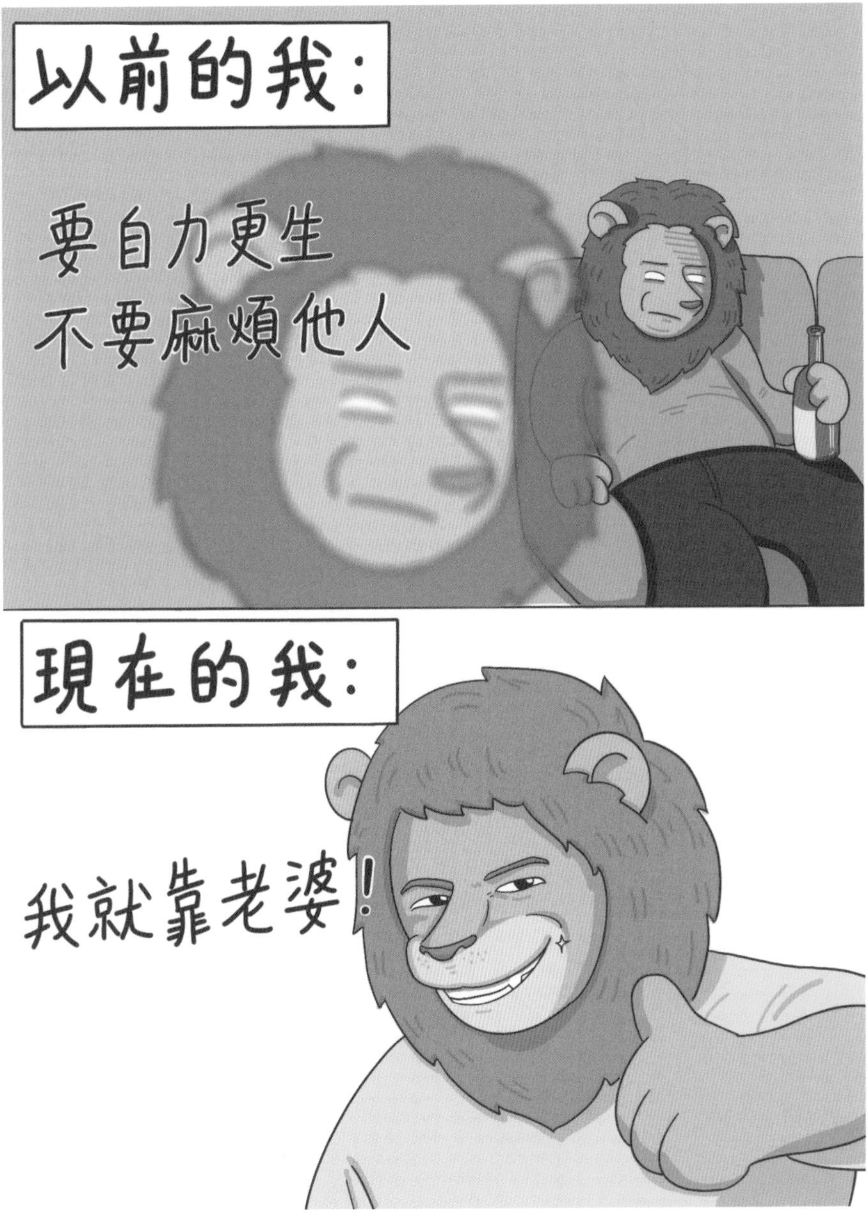
以前的我：
要自力更生
不要麻煩他人
現在的我：
我就靠老婆！

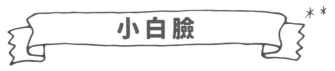

獅群裡大多
由母獅負責狩獵。
靠老婆也是
一種實力！

好東西要和好朋友分享

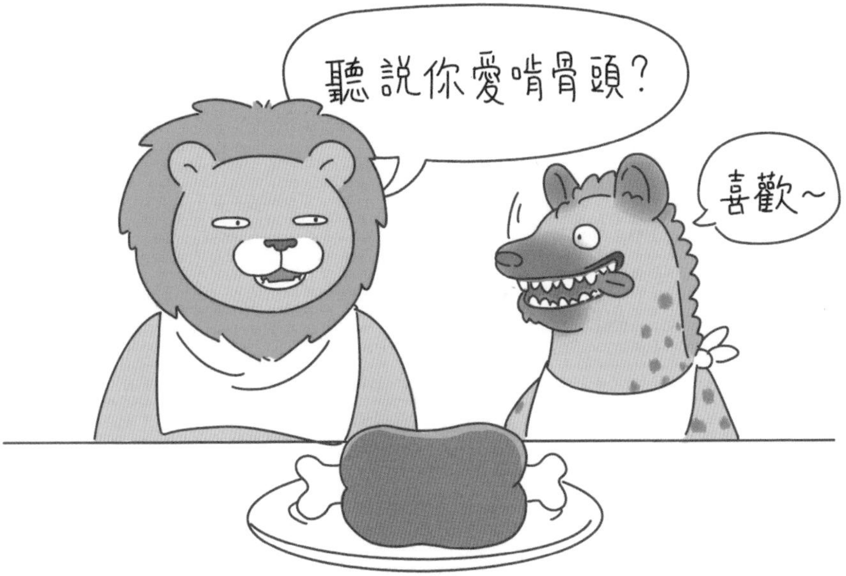

聽說你愛啃骨頭?
喜歡~

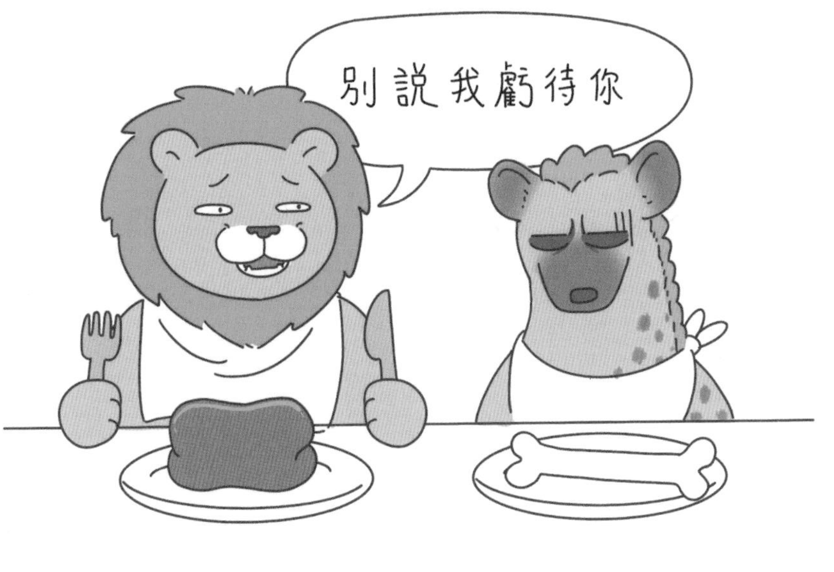

別說我虧待你

獅子在野外常常
搶鬣狗的食物。

料理東西軍

有土耳其的蜂農發現
熊不但偷吃他的蜂蜜，
還會挑高檔貨，
懂吃！

\\ 後記 //

這本書有讓你感到開心嗎？如果有的話就太好啦！

在生活中難免會遇到一些煩心的事，這時我會翻翻以前的照片，回憶過去快樂的時光，想想與許久不見的朋友那些日子一起做的傻事，事情看起來也不會那麼糟了。

是說人生還真是奇妙，若是回到一年前，我完全不知道自己居然會出書！從小我就是個喜歡畫動物的人，給我紙和筆，就可以畫上一整天～但隨著升學、出社會，畫畫的習慣就漸漸消失了。

從日本的一趟輕旅行回來後，我決定重拾過往的興趣，每天畫一篇圖文 PO 在自己的臉書。由於個性上是屬於愛搞笑的人，所以畫的主題也多是以開心快樂為主。將圖畫上傳到自己的臉書頁面一段時間後，獲得越來越多朋友的回響，於是在大家的支持鼓勵下開了粉專。雖然是純粹以逗大家開心為出發點，但每次看到網友有趣的留言其實自己也被逗得很樂！

就這樣畫著畫著，居然有一天收到編輯的出書邀約，其實當時我完全不知道自己是否可以勝任，畢竟這樣等於除了粉專以外，還要額外花時間畫圖……沒想到在大家合力幫忙下，居然真的走到這一步～

這本書穿插了一些有關動物的奇妙行為，希望在逗大家開心之餘，也能順便傳達一點小知識。也許你會看到有幾隻角色好像有點眼熟，或是比較常出現，像是浣熊、山豬、巴哥，其實是因為這幾隻角色算是我粉專上的開心果！如果你想要看到更多他們彼此間的互動，歡迎加入我的 FB 粉專：新天的腦洞世界，IG：BrainHoleSky

謝謝編輯團隊的努力，謝謝家人朋友的支持，謝謝拿起書本的你，在茫茫書海中看到了這一頁，對我來說，能用圖文創作和大家交朋友是很開心的一件事！

國家圖書館出版品預行編目 (CIP) 資料

我很奇怪但很可愛 / 新夭著 . -- 初版 . -- 臺北市 : 遠流出版事業股份有限公司 , 2021.03

面；　公分

ISBN 978-957-32-8973-9(平裝)
1. 動物學 2. 通俗作品

380　　110001293

我很奇怪但很可愛

這些動物超有哏，讓人長知識又笑到翻

作　　者｜新夭
審　　訂｜張東君
總 編 輯｜盧春旭
執行編輯｜黃婉華
行銷企劃｜鍾湘晴
美術設計｜王瓊瑤

發 行 人｜王榮文
出版發行｜遠流出版事業股份有限公司
地　　址｜臺北市中山北路一段 11 號 13 樓
客服電話｜ 02-2571-0297
傳　　真｜ 02-2571-0197
郵　　撥｜ 0189456-1
著作權顧問：蕭雄淋律師
ISBN 978-957-32-8973-9

2021 年 3 月 1 日初版一刷
2024 年 1 月 26 日初版五刷
定價：新台幣 360 元（如有缺頁或破損，請寄回更換）

遠流博識網
http://www.ylib.com
Email: ylib@ylib.com